· 身边的鸟类观察

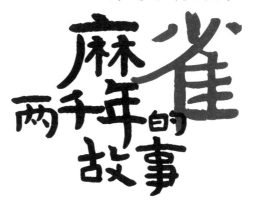

麻雀两千年的故事

[日]三上修 · 著

佟凡 · 译

C'S K 湖南科学技术出版社 · 长沙

图书在版编目（CIP）数据

麻雀两千年的故事 / （日）三上修著；佟凡译. 长沙：湖南科学技术出版社，2024.10. —（身边的鸟类观察）. — ISBN 978-7-5710-3222-7

Ⅰ. Q959.7-49

中国国家版本馆 CIP 数据核字第 2024SB5046 号

SUZUME: TSUKAZU HANAREZU NISENNEN
by Osamu Mikami
© 2013 by Osamu Mikami
Originally published in 2013 by Iwanami Shoten, Publishers, Tokyo.
This simplified Chinese edition published in 2024
by Hunan Science & Technology Press Co., Ltd., Changsha
by arrangement with Iwanami Shoten, Publishers, Tokyo

著作权合同登记号：18-2024-135

MAQUE LIANGQIAN NIAN DE GUSHI

麻雀两千年的故事

著　　者：[日]三上修　　　　　　译　　者：佟　凡
出 版 人：潘晓山　　　　　　　　责任编辑：谷雨芹　李　叶
出版发行：湖南科学技术出版社
社　　址：长沙市芙蓉中路一段 416 号泊富国际金融中心
网　　址：http://www.hnstp.com
印　　刷：长沙市雅高彩印有限公司
　　　　　（印装质量问题请直接与本厂联系）
厂　　址：长沙市开福区中青路 1255 号　邮　　编：410153
版　　次：2024 年 10 月第 1 版
印　　次：2024 年 10 月第 1 次印刷
开　　本：787 mm×1092 mm　1/32
印　　张：6
字　　数：98 千字
书　　号：ISBN 978-7-5710-3222-7
定　　价：40.00 元

前　言

毫不夸张地说，在日本人心里，说到鸟就能想到麻雀。我曾经在某所小学让孩子们说出自己知道的鸟类的名称，当时被提到最多的就是麻雀。

说到麻雀，大家会觉得它是一种小型鸟类，在汉字"雀"中也呈现出了这一特点。分解"雀"可以得到"小"，以及用来表示鸟的"隹"，后者同样出现在"雉"和"隼"字中。麻雀正是一种"小鸟"。

那么大家对我们都听到过叫声的小小麻雀了解多少呢？能想象着麻雀的样子将它画出来吗？它的叫声是什么样子的？它们真的一年四季都在我们身边吗？它们一整年都长得一样吗？

麻雀似乎总在我们身边，一年四季都差不多。与麻雀相比，黄莺的叫声更能让我们感觉到季节的变化。大家是不是都有这种感觉？其实事实并非如此。麻雀和很多鸟类一样，有繁殖期和非繁殖期之分，所以一年四季会呈现出不同的姿态和行为。

大家会不会因为麻雀离我们太近，产生"鸟就等于麻雀"的印象呢？这当然是一种严重的误解。奇怪的是根据记录，日本大约有 600 种鸟类，可是只有麻雀与人类如此亲近。从这个角度出发，麻雀确实是一种非常奇怪的鸟。

本书将会揭开麻雀的真面目：麻雀究竟是什么？从何而来？我想揭开大家一知半解的麻雀的本性。应该有读者发现最近渐渐看不到麻雀了，我会解开关于这个谜题的实际情况。在我们日本人接触麻雀时，有很多无法单纯地从科学的角度解释的事情。

关于麻雀与日本人的关系可以追溯到多久之前并没有定论，不过两千年应该是有的。麻雀在各种各样的文献中登场，也被融入了日本文化中。再也没有其他像麻雀这样频繁出现在人类记载中的动物了，而且并不争当主角（也当不了吧？）这一点也很符合麻雀的气质。

虽然不能说麻雀塑造了日本人的独特性，但麻雀褐色的身体，不张扬的姿态，或许都是符合日本人喜好的特点。如果麻雀是黑白色的鸟，说不定历史都会改变。请大家从科学和文化两个方向的视角来观察麻雀这个小小的邻居吧！

目 录

1

麻雀的诞生

从恐龙到麻雀

6500 万年前的一天，一颗小行星从外太空落到了地球上。小行星的直径有 10~15 千米，坠落地点是位于墨西哥湾和加勒比海之间的尤卡坦半岛，坠落形成了一个直径 180 千米的陨石坑。这个坑大到能装下整个日本关东平原，可想而知坠落的冲击有多大。小行星的下落速度远远超过了每秒 340 米左右的声速，达到了每秒 20 千米，所以坠落地点的生物恐怕是在几乎没有察觉到的一瞬间灭亡了。

小行星撞击引起了此后很长一段时间里全球范围内的环境变化。撞击导致的直接冲击和热量自不必说，随之而来的巨大海啸在几个小时甚至几天内，也给全世界的沿海生物带来了巨大的伤害。另外，扬起的粉尘遮蔽了洒向地表的阳光，阻碍了植物的光合作用。由于光合作用受阻动摇了整个生态系统能源供给的根基，所以这次小行星撞击给当时地球的生态系统造成了致命的影响。

这次灾害导致此前生活在地球上的大量生物灭绝，其中也包含体形庞大的恐龙。恐龙诞生于大约 2 亿 3500 万年前，这种持续繁荣了 1 亿多年的生物在 6500 万年前销声匿迹。

但恐龙真的灭绝了吗？它们全都死去，一只也没有留下吗？并非如此，我曾经见过恐龙，甚至摸过真正活着的恐龙。不仅如此，我甚至捉过恐龙。今天早上，我还在上班路上见到了它们。它们乍一看是褐色的，有一拳大小，脸上有一块黑斑，叽叽喳喳地叫着。一共有 3 只，正亲密地在地面上寻找食物。

没错，它们就是麻雀。

提出"麻雀是恐龙"的观点，恐怕会招来反对意见，不过这种说法未必是错误的，因为鸟就是幸存下来的恐龙。说得详细些，最早的恐龙中有一部分成为了以霸王龙为首的"各种各样的恐龙"，另一部分则成为了现在的"鸟类"（图 1）。我们所说的恐龙在 6500 万年前由于小行星撞击地球而灭绝，鸟类中也有相当一部分物种灭绝，不过有一部分幸存下来，进化成了现在的鸟类。

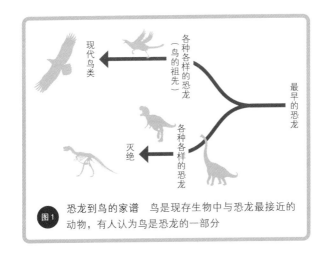

图1 恐龙到鸟的家谱　鸟是现存生物中与恐龙最接近的动物，有人认为鸟是恐龙的一部分

现代鸟类

各种各样的恐龙（鸟的祖先）

最早的恐龙

灭绝

各种各样的恐龙

麻雀的发展——从草原到城市

大量恐龙灭绝后，麻雀并没有立刻出现，麻雀在登场前还经过了漫长的演化。那么麻雀是什么时候，在什么地方诞生的呢？

学界认为麻雀的祖先（准确来说是麻雀属的祖先）诞生在非洲。这是根据现存的麻雀的同类（准确来说是麻雀属的鸟）大部分生存在非洲，以及从 DNA 中得到的派生顺序等信息得出的结论。这种说法并非坚如磐石，但如今并没有其他说法。根据这种说法，麻雀属的动物在非洲诞生后，其中一部分进入欧洲。实际上，人们确实在中东 30 万年前的地层里发现了麻雀属生物的化石。另外，还有与我们平时常见的家麻雀非常相似的 12 万年前的麻雀化石，所以日本的麻雀或许同样是在那个时期诞生的。

麻雀和家麻雀都生活在广阔的欧亚大陆上，因此有人认为这两种麻雀原本生活在草原之类的环境中，随着人类农耕文明的传播而扩张领地。人类文明对鸟类分布产生影响，这是一种很有魅力的假设。

实际上，现在依然能观察到支撑这项假设的例子。过去，俄罗斯东部并没有家麻雀，但是随着西伯利亚铁路的铺设，人们住进了原本是一片荒野的地方，开始耕种，家麻雀也一起迁了进来。在现代日本，人们在原本没有麻雀的山林开发建造住宅后，麻雀也会迁入周围的住宅区里。以此类推，现在的麻雀和家麻雀的分布确实有可能是随着人类耕地的发展而扩张的。

但是顺序也有可能是相反的。最开始，麻雀和家麻雀的分布或许与人类的农耕文化无关，后来才开始亲近人类。大家或许会怀疑这种事情发生的概率有多大，但实际上这确实可以在短时间内发生。直到 30 年前，日本的城市中都很少能看到白鹡鸰（图 2），但如今，它们已经开始在日本的各个城市中繁殖。白鹡鸰明显是近年来才进入城市的鸟。也就是说，一种鸟习惯人类的存在，进入人类生活圈只需要短短几十年的时间。

　　尽管先有麻雀和家麻雀还是先有人类的问题尚未得出结论,不过在如今的日本,麻雀已然是与人类距离最近的鸟。

图2　在这30年里,城市中常常能看到的白鹡鸰晃晃悠悠走路的样子,非常可爱

麻雀的同类——世界与日本

现在，全世界一共有 26 种麻雀的同类，也就是麻雀属的鸟类。它们大部分分布在非洲到欧亚大陆之间，也有一部分生活在美洲和澳洲，不过那都是人为引进的品种。粗略地观察 26 种麻雀的分布可以看到，非洲有 16 种，欧洲有 2 种，亚洲有 6 种；同时分布在从欧洲到亚洲这片广阔区域的有 2 种，这两种分布广泛的品种就是麻雀和家麻雀（图 3 左）。

如前文所示，麻雀属鸟类的特征之一是接近人类的生活圈。到现在为止，一共能找到 17 种麻雀在人造物体上筑巢的记录。不过与人类关系密切的只有麻雀和家麻雀，其他 15 种只是"可以在有人类生活的地方繁殖"罢了。虽说如此，与其他鸟类相比，麻雀属的鸟类确实会更多地生活在人类身边。

家麻雀　Peter Evans 供图

 山麻雀　特点是颜色发红

　　麻雀属的另一项共同特征是吃草种（包括谷物）。为了让雏鸟摄入动物蛋白，麻雀在繁殖期也会寻找昆虫等食物，不过它们的主食是种子。

　　麻雀的繁殖方式同样很有特点。麻雀属鸟类会集体繁殖，虽然它们并非没有单独的鸟巢，不过并不像其他鸟类那样会圈定一大片只属于自己的地盘。

　　在麻雀属的 26 种鸟类中，有 2 种生活在日本。除了常见的麻雀之外，还有一种全身发红的山麻雀（图3右）。这种山麻雀并不常见，它们生活在森林中，戒心很重。如果把麻雀比作普通人的话，那么山麻雀在细枝上的步伐就像专业的高空工作人员一样敏捷，或许是为了适应森林生活吧。

这两种麻雀在日本繁衍后代，还有另一种刚才提到过的家麻雀偶尔也能在日本国内看到。家麻雀原本分布在俄罗斯萨哈林州北部，所以日本的家麻雀或许是迷路来到这里的。

用最简单的方式表示这三种麻雀的强弱关系结果如下：家麻雀>麻雀>山麻雀。在欧洲可以看到，如果家麻雀来到原本有麻雀生活的区域，这里原有的麻雀就会消失。另外，如果直接争夺巢箱，那么由于家麻雀的体形较大，麻雀也会输给家麻雀。人们甚至做过实验，将巢箱的入口做小，让家麻雀进不去，麻雀的数量就会增加。

也有人担心家麻雀大量进入日本后，麻雀会被赶走。不过世界上同样存在这两种麻雀相互竞争、共同生存的地方，所以只有等家麻雀来到日本后才能看到结果，让我们拭目以待吧。

来找麻雀吧！

大家的住处附近有没有麻雀？只要不是住在人迹罕至的地方或者远离大陆的孤岛，应该都会有吧。

我们身边也有很多除了麻雀之外的鸟。虽说如此，因为一半左右都是麻雀，所以看到鸟的时候胡乱猜是麻雀都能猜对。另外，只要你看到的鸟符合以下提到的特点之一，就一定是麻雀。如果三个都符合，那就更不会错了。

1. 啾啾的叫声

发出节奏感强、吱啵吱啵的叫声的鸟儿是大山雀（图4）。

2. 乍一看是褐色的

身体发黄的是金翅雀（图5），脸上有一圈白边的是三道眉（图6）。黑白相间，垂直停在树上叽叽叫的则是啄木鸟属的小星头啄木鸟。虽然这样说对不起麻雀，不过小星头啄木鸟确实比麻雀可爱（图7）。

3.有5只以上的小鸟聚集在一起，停在屋顶或者电线上。

日本绣眼鸟也会聚集在一起，不过它们不会停在屋顶或者电线上。灰椋鸟倒是会聚集在屋顶或者电线上，不过它们的个头几乎是麻雀的两倍，而且飞起来时腹部是白色的，因此可以区分开来。

只要关注这三点就没问题了，可以从身边的鸟儿们中准确找到麻雀。

图4 大山雀 有白色的脸颊，系着黑色的领带

图5 金翅雀 乍一看是褐色的，仔细一看是黄色的。三上洁供图

图6 三道眉 它的脸颊究竟是白色的还是黑色的呢？佐藤仁供图

图7 小星头啄木鸟 垂直停在树上。麻雀有时会抢走小星头啄木鸟在树上挖出的巢

2

麻雀的真面目

麻雀问答！

麻雀是我们熟悉的鸟类的代名词，大家是不是经常看到麻雀呢？虽然很熟悉，不过为了确定大家是不是有忽略的地方，我首先会出两道关于麻雀外貌形态的问题测试一下大家。

问题1：

关于麻雀的面部长相。大家知道图8中哪一只是真正的麻雀吗？图中每一只鸟的鸟喙颜色不同，喉部和脸颊上有的有斑纹、有的没有斑纹。请大家回忆平时所看到的麻雀的样子来回答。

问题2：

麻雀大约有多重？请从下面6个选项中选择。

A 200克（大约相当于一个西红柿）

B 100克（大约相当于一个中等大小的橘子）

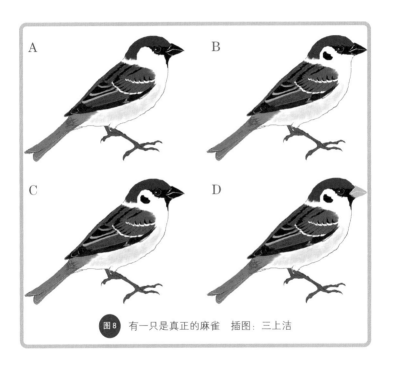

图8 有一只是真正的麻雀　插图：三上洁

C 50 克（大约相当于一个小一些的鸡蛋）

D 25 克（大约相当于一个青椒）

E 10 克（大约相当于一大勺白砂糖）

F 5 克（大约相当于一个 100 日元硬币或者五个 1 日元硬币）

答案如下。首先是问题 1，哪一只是真正的麻雀。这个问题的答案是 C。麻雀的喙是黑色的，脸颊和颈上也有斑。麻雀虽然平时很常见，不过我们总会忽略这些细小的差异。

另外，从整体上来看，大家或许会觉得麻雀是一种褐色的鸟，其实它的背部花纹复杂，由黑色、褐色和白色混杂而成，这些花纹是由于黑色素浓淡不同而形成的。它翅膀上的花纹展开后如图 9 所示。麻雀的腹部呈浅褐色，尾羽是深褐色。

问题 2 的答案是 D。一只麻雀的重量大约相当于一个青椒，也就是 20~25 克。麻雀身体的全长能达到 14 厘米，其中尾巴的长度占 2~3 厘米，所以大小也正好相当于一个小一些的青椒。轻轻握住青椒，或许就能从大小和重量上体会到握住一只麻雀的感觉。不过麻雀握起来不像青椒表面那样冰凉光滑，鸟类的体温比人类稍高，所以握在手里会感觉软软暖暖的。

大家或许会感到惊讶，麻雀竟然和内部空隙很大的青椒差不多重。因为鸟类要飞，所以它们要充分减轻自身的重量。我想如果麻雀停在一根细细的草上，恐怕连草都不会压断。

图9 正在理毛的麻雀 羽毛里有可能会长虱子

19

会变的鸟喙颜色

让我们用更专业的眼光来看看麻雀的样子吧。

上文中写到了，麻雀的鸟喙是黑色的。成鸟的鸟喙确实是黑色的（图10左），不过鸟巢里雏鸟的鸟喙却是淡黄色的，刚刚离巢的幼鸟的鸟喙根部还残留着一丝黄色（图10右）。研究成果表明，许多鸟的鸟喙颜色（或者嘴巴里的颜色）可以诱发父母喂食，所以在昏暗的鸟巢里，麻雀幼鸟黄色的鸟喙或许更容易帮助它们获取食物。

那么是不是有黑色鸟喙的就是成鸟呢？麻烦的是事实并非如此。到了秋天，成鸟的鸟喙根部也会变黄，而且入冬后会开始再次变黑。这种鸟喙随着季节变化而变色的情况同样出现在鹭和鸭子身上，一般情况下带有求偶的含义。或许在麻雀中，拥有黑亮鸟喙的鸟更受欢迎。大家或许会感到不可思议，像鸟喙那样坚固的物体要怎么变色呢？其实鸟喙的结构是骨骼上附着了一层角质化的皮肤，实际发生变化的是这层皮肤的颜色。

图10 （左）成鸟　鸟喙为黑色，喉部和脸颊也是黑色。

（右）离巢10天左右的幼鸟喉部和脸颊都是浅色，鸟喙根部发黄

喉部的黑斑颜色是强壮的象征？

麻雀喉部的黑斑颜色也在发生变化。幼鸟的喉部斑点是浅色，随着成长，颜色也逐渐变深（图10）。

既然会特意变黑，其中一定存在什么意义。人们对麻雀的近亲家麻雀喉部的黑斑颜色进行了各种各样的研究，有研究表明，黑斑越大的家麻雀在种群中越强壮。

既然家麻雀中存在这种现象，于是也有研究者研究了麻雀的情况。研究者在鸟笼里饲养了多只麻雀，他们在观察每只麻雀的强壮程度时发现，喉部黑斑的大小与强壮程度无关。既然如此，或许麻雀喉部黑斑的大小并不具备特殊意义，但仅凭这项研究就下结论未免太过草率。以人类为例，在如今的日本社会中，社会地位与身体的强壮程度关系不大，而是与金钱以及其他能力有关。但如果在石器时代，可以想见身体的强壮程度与社会地位密切相关。麻雀同样如此，在当下食物充足的环境中，喉部的黑色或许无法发挥出它的意义。实际上在观察麻雀的过程中，它们常常会做出强调喉部黑色斑纹的姿势（图11），其中应该具有某种意义。

图11 繁殖期常见的，强调喉部的姿势

难辨雌雄

有很多鸟我们只看一眼就能分辨出雌雄。多数情况下雄性的外表更华丽，孔雀就是一个好例子。

但是如果雌性和雄性麻雀的身体颜色相同，无论拍下视频还是抓住后仔细观察，都看不出差别。如果准确测量喉咙的黑斑和羽毛长度，那么根据统计结果，雄性的黑斑更大，羽毛更长。人类中的男性同样平均身高比女性更高，体重比女性更重，但是我们并不能仅仅依靠身高、体重来区分男女。与人类一样，雄性麻雀某些部位的平均尺寸更大，但并不能成为准确分辨雌雄的要素。

但是在研究领域，区分雌雄是必要的。过去的研究者通过观察麻雀的交配以及在鸟巢中的行为来区分雌雄：交配时，上面的是雄性，下面的是雌性；在鸟巢里花更长的时间孵蛋、照顾雏鸟的是雌性。但鸟类个体中有不少也会骑在同性的背上，大概是为了提高相互之间的信任吧。在鸟巢里，同样有雌鸟选择在和雄性交配产卵后，与另一只雌鸟共同抚养雏鸟。所以如果从肉眼可见的行为判断，说不定会落入意想不到的陷阱中。

于是最近我们开始采取采血的方式来进行检测。检验血液中DNA的某个区段，就能区分雌雄。顺带提一下，人类的雄性拥有异染色体（雄性为 XY，雌性为 XX）；而鸟类则正好相反，拥有异染色体的是雌性（雄性为 ZZ，雌性为 ZW）。这类检验只需要使用相当于麻雀的一滴眼泪那么多的血液，所以虽然觉得对不起麻雀，但研究者们还是会选择采血检验。

尽管人类区分麻雀雌雄的方法很不解风情，但麻雀之间当然不用采血检验就能区分雌雄。所以它们只要仔细观察，应该就能看出区别。或许是体态、动作，或许是气味，也有可能是声音，其中应该蕴含着某种隐秘的区别。

彩蛋 1　麻雀的一天

　　麻雀的一天日出而作。首先，它们会在日出前，天空泛起鱼肚白的时候开始鸣叫。有人曾经仔细调查过，麻雀平均会在日出前 17 分钟开始鸣叫。阴天时会从日出前的 11 分钟开始鸣叫，下雨时则只提前几分钟。另外，繁殖期和非繁殖期的鸣叫时间也有所不同。

　　在繁殖期，麻雀只会在早上鸣叫，有节奏地发出"啾啾"的叫声。像多数鸟类在早上做的一样，麻雀是在以叫声圈定自己的领地。如果鸟巢里有雏鸟，鸟爸爸和鸟妈妈也会开始运送食物。它们仔细寻找，然后把不远处的草地和庭院中，或者趴在建筑物上的虫子带回鸟巢。雄鸟和雌鸟一起勤勤恳恳地运送食物，度过一整天的时间。不过在快到中午和 14~16 点左右的时间，鸟儿会减少活动。大概是因为雏鸟要消化和长身体，鸟爸爸和鸟妈妈也需要休息吧。到了傍晚，麻雀会在太阳下山前停止运送食物，在鸟巢附近鸣叫一段时间，然后在附近的屋檐下或者树上睡觉。

在非繁殖期，麻雀的活动更简单：起床，叽叽喳喳，吃饭，睡觉。有鸟巢的麻雀一大早起来后会叽叽喳喳地鸣叫，在鸟巢附近徘徊，似乎无事可做，只是在鸣叫，或许那叫声是在宣示"这里是我的地盘"吧。太阳升起，气温升高一些后（日出1~2个小时后），住得近的麻雀们开始聚集到一起。大概是为了寻找食物时更安全，又或许是因为觅食的地点是固定的，所以麻雀们自然而然地聚集在一起。每年的这个时期，麻雀为了御寒，必须大量进食才能安全度过每一天。在一天中，麻雀们不断地聚集、分散；在吵吵闹闹地过完一天后，到了傍晚时分，麻雀回到鸟巢附近，鸣叫几声后钻进"被窝"。

另一方面，我不太清楚没有鸟巢的鸟儿们如何度过一天。它们一般成群结队，会有几十到几百只鸟聚在一起行动。在农田等视野开阔的地方观察时，能看到几百只鸟一起在方圆好几平方公里的范围里活动的身影。然后它们会在暖和的地方分成一小群一小群地睡觉。

麻雀的一年

麻雀是如何度过一年四季的呢？日本列岛从北到南的季节差异很大，让我们以东京的气候为标准来看一看吧（麻雀生活的有些部分人类尚不清楚，所以只是大致总结）。

6月下旬~9月前后
一大群麻雀一起筑巢。筑巢的地点是芦苇荡、竹林或者行道树上

5月下旬
雏鸟离巢后，在城市里的公园等地方生活。鸟爸爸和鸟妈妈照顾孩子一段时间后，开始进入下一个繁殖周期。到8月末为止一共繁殖2次，多的时候会繁殖3次

5月上
雏鸟出
天勤勤

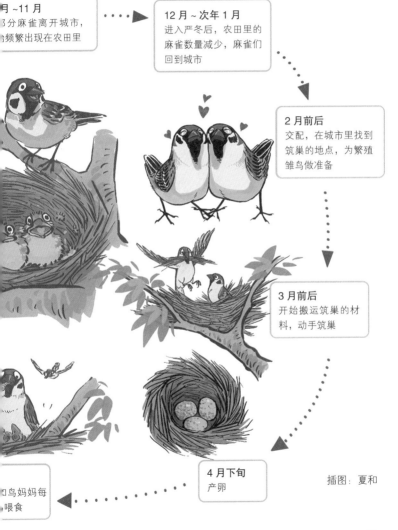

月~11月
部分麻雀离开城市，
会频繁出现在农田里

12月~次年1月
进入严冬后，农田里的
麻雀数量减少，麻雀们
回到城市

2月前后
交配，在城市里找到
筑巢的地点，为繁殖
雏鸟做准备

3月前后
开始搬运筑巢的材
料，动手筑巢

4月下旬
产卵

鸟妈妈每
喂食

插图：夏和

麻雀的巢

　　大家见过麻雀的巢吗？平时可能注意不到，但麻雀巢的数量其实比大家想象中多（图12）。在院子里树多一些的住宅区，每100平方米就有4个左右的鸟巢，即使在商业街，只要有公园等绿地，同样大小的范围里也会有一个鸟巢。

　　麻雀会在人类生活圈旁边筑巢繁殖，因此山里绝对不会有麻雀。大家或许有麻雀在田里生活的印象，其实如果是一片一望无际，周围没有住宅的田地，麻雀也不会在那里筑巢。

　　找到麻雀的巢并不容易，因为麻雀会把巢筑在无法直接看到的地方，比如某个缝隙中。不过只要跟着运送食物的麻雀或者循着雏鸟乞食的叫声寻找，就能轻易找到鸟巢所在的地方（参考本书附录）。

图12　麻雀的巢　可以在各种各样的地方看到。筑巢的地点需要有相对宽敞的内部空间和适当狭窄的入口

很多鸟巢位于住宅及路标等人造建筑的缝隙里，也有的麻雀会利用树上的洞筑巢。麻雀还会抢燕子的巢，也有很少一部分麻雀会主动把巢架在树上。

麻雀的巢主要用草编成。不同缝隙里筑成的鸟巢形状不同，基本形状并非大家通常描绘的碗形，大部分有顶（不过屋檐下的巢是碗形，因为有屋顶遮挡）。初春时节，常常能看到麻雀们在公园之类的空地不停地收集枯草准备筑巢（图13），除草时剪下来的草也会被麻雀叼走。

有的鸟巢里还有针叶树的嫩叶，在和麻雀关系很远的猛禽类的鸟巢里也能看到，原因是嫩叶具有一定的杀菌效果。

另外，鸟巢的作用仅仅是孵蛋育儿，并不像人类一样是"住处"，这种情况不止存在于麻雀身上。孵蛋时期，鸟爸爸和鸟妈妈要不分昼夜地为鸟蛋保温。从这个角度上来看，鸟巢同样是鸟爸爸和鸟妈妈的床，不过等雏鸟长大一些后，鸟爸爸和鸟妈妈就会在鸟巢附近的树上睡觉了。等育儿期结束后，鸟巢会一直空置到下一年。不过也有些麻雀会把鸟巢或者鸟巢所在的地方直接当成床来用，大概是因为能筑巢的地方太少，它们要保护鸟巢吧。到了秋天，依然能看见麻雀往鸟巢里运筑巢的材料，或许是为了睡得更舒服一些。

图13　衔着草搬回鸟巢里的麻雀

麻雀育儿

到了2月前后，麻雀确定配偶，并开始占据筑巢的地点。这段时期的公麻雀血气方刚，十分好斗，会因为争抢雌鸟和筑巢地点而大打出手。激烈时，两只雄鸟会纠缠着在地上滚来滚去（图14）。

过了4月，麻雀就开始同时筑巢和交配。雄鸟骑在雌鸟背上的动作要重复5~6次，多的时候能达到10次以上（图15）。为了完成受精，麻雀要保证泄殖腔贴紧，不过雄鸟有时候也只是骑在雌鸟背上，不进行交配。或者是在确认双方的感情，也或者单纯是被雌鸟拒绝了。考虑到麻雀会在屋顶上等显眼的地方交配（这些地方明明很危险），这个动作也可能是在对周围的雄鸟宣布"你们对她出手也是没用的"。

在东京，麻雀在4月下旬开始产卵。每天产1枚，一

图14 正在格斗的两只麻雀　它们全身心投入格斗，完全不关注镜头

图15 交配中的麻雀　在每年 4~5 月时常见的景象。下方应该是雌鸟，不过不能轻易下判断

共产 4~6 枚，全部产完后开始孵蛋。在开始孵蛋前，胚胎在鸟蛋内的生长处于停滞状态，所以一起孵蛋基本上能保证雏鸟在同一天破壳。

孵化所需的时间大致在 2 周以内，孵出来的雏鸟会在 2~3 周后离巢。也就是说，从产卵到离巢需要 1 个多月的时间，每个鸟巢里的情况会有些许不同。

孵化后第 5 天，在鸟巢之外就能听到雏鸟乞食的叫声了。所以我们能够预测：在听到叫声的 10 天之后，雏鸟就会离巢。

雏鸟出生后，鸟爸爸和鸟妈妈会不断给它们运送食物。如果运送的是蝗虫那样体形较大的昆虫，那么我们一眼就能看出来（图 16），不过它们大多会把小型昆虫变成黏糊糊的状态后再运回巢中，所以我们并不清楚麻雀给雏鸟喂了什么、喂了多少。

吃完食物后，雏鸟会转身排泄，成鸟再用嘴叼起粪便运到外面。有些鸟类的巢脏得不得了，不过就算是旧的麻雀巢，也相对干净（不过有的巢里也全是虱子）。

图16 把蝗虫（属于蝗科）运回鸟巢之前的成鸟

图17 刚孵出来的麻雀雏鸟

刚出生的雏鸟重量在 2 克左右，在父母的精心照顾下，在 2 周后能长到 20 克。刚孵出来的雏鸟像图 17 所示一样没有毛，羽毛会在它们离巢前长全。到了离巢期，父母不再为雏鸟运送食物，这是为了催促雏鸟离巢。雏鸟别无选择，只能离巢寻找食物。离巢后，雏鸟会和父母住一段时间以获取食物（图 18），并且学习什么是危险。在这段时期，可以看到雏鸟叼着某样东西给父母看，父母叼过去扔掉的景象。就像人类的孩子问"这个能吃吗？"，父母回答"这种东西不能吃要扔掉"一样。

图18 成鸟（右）给刚离巢的雏鸟（左）喂食 雏鸟想吃食物时，会做出抖动翅膀的动作

麻雀吃什么

既然成鸟给雏鸟喂的是昆虫，那么成鸟自己平时吃什么呢？

日本农商务省[1]在大正时代[2]对麻雀的食物进行过详细调查。当时，麻雀吃稻子造成了严重的危害，政府需要详细的信息来评估麻雀给水稻生产带来的影响。于是，日本全国各个地区（东京都和长野县的数据较多）共捕获了 2617 只麻雀进行解剖。他们出具了关于胃内容物的报告，按月统计出每只麻雀的胃内容物量（图 19）。

调查将不同种类的食物统一计为 1 个胃内容物，比如 1 颗种子或 1 个昆虫头部，从中虽然不能得出麻雀实际吃下的重量，但是可以看出季节的变化。

1　1925 年已分为农林、商工两者。

2　大正时代：1912-1926 年。

5~9月期间动物性食物较多，这是因为麻雀只有在这段时间里能捕捉到昆虫，而且如前文所述，为了让雏鸟得到营养，麻雀经常需要寻找富含动物蛋白的昆虫，所以亲鸟也会以昆虫为食。到了冬天，食物中杂草和谷物的数量会增加。

调查结果显示，动物性食物里有九成是昆虫，大多为象鼻虫、鸟虱、蚂蚁和蜘蛛。谷物中，稻米占了大约69%，接下来是黍、谷子。杂草大多是稗子、雀稗、马唐等。不过麻雀的食物会根据它们居住的区域和环境不同而有所变化。仔细观察麻雀的行为会发现，它们会选择鸟巢附近容易找到的食物。

在城市里，经常能见到麻雀在地上啄食着什么的样子，有时可以看出它们在吃蚂蚁（图20），不过大部分时候它们在吃更小的东西：可能是植物的种子，也可能是人类掉下的面包渣。

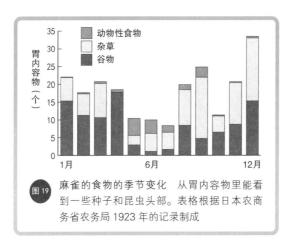

图 19　麻雀的食物的季节变化　从胃内容物里能看到一些种子和昆虫头部。表格根据日本农商务省农务局 1923 年的记录制成

图 20　刚刚离巢，啄食蚂蚁的幼鸟　有时候，麻雀脚下有很多蚂蚁，它们却不吃。或许是因为它们会选择蚂蚁的种类，或许是因为蚂蚁不太好吃

麻雀捕食者

麻雀胖乎乎的很可爱，正如它们人畜无害的外表所暗示的那样，它们有很多天敌。

过去麻雀在仓库里筑巢的时代，老鼠和蛇会进入仓库，吃掉麻雀的蛋和雏鸟。在如今的住宅区，老鼠和蛇攻击麻雀的情况变少了，不过刚离巢的雏鸟依然会被各种各样的动物攻击，比如乌鸦、猫。在自然环境比较好的地区，麻雀还会成为日本松雀鹰、红隼等鹰类的目标（图21）。

我们并没有麻雀被捕食数量的数据，不过日本群马县[1]对某个红隼鸟巢的调查结果显示，在5月的某3天里，巢里的雏鸟吃掉了15只麻雀。

另外，我们人类过去也常常吃麻雀。1945年发行的书

1　日本行政区划分为1都（东京都）、1道（北海道）、2府（大阪府、京都府）和43县。

籍《鸟与猎》中写过："每年有 400 万只麻雀被捕获，可它们的数量完全不见减少，这是因为麻雀的繁殖率相当高。麻雀美味，而且随处可见，所以只要掌握简单的技术，任何人都能捉到麻雀，这是最方便的食物增产方式了。"对麻雀来说，人类是最大的天敌。

图21　被红隼攻击后假死的麻雀　我曾经看到麻雀在我面前受到攻击，可惜的是当我拿起相机时，红隼已经警惕地扔下麻雀飞走了。其实这只麻雀还活着，过了一会儿，它就睁开眼睛飞走了

群居的麻雀

麻雀是群居鸟类，但如果你认为鸟类全都是群居的，那就大错特错了。有些鸟只在秋冬季节聚集在一起，不过麻雀总是会成群结队，可见它们相当喜欢群居生活。

繁殖期的麻雀会和配偶生活在一起，所以此时不群居。不过到了6月，几十到上百只当年出生的小麻雀们就会在公园或者田地里集结成群（图22）。

夏末到秋天，在农村等地方能见到更大规模的麻雀群（图23）。一群麻雀中有当年刚出生的麻雀，也有结束繁殖期的麻雀。一群麻雀至少有几百只，有时甚至以千、万为单位、它们会吃稻穗，给农业生产带来危害。不过这个时期在住宅区也会有单独出现或者少量几只聚集在一起的麻雀（恐怕是为了守护筑巢地点），并非所有麻雀都会聚集成群。

到了夜里，麻雀群会在芦苇丛、竹林、行道树等地方

图 22 一群刚离巢的幼鸟们　6~7 月，在城市里的公园等地方常见的景象

图 23 夏末到秋天形成的大型鸟群　有时，会有数量庞大的麻雀集结成群。有时几只麻雀被误惊后，它们会一齐起飞，场面相当壮观。刚刚还在叽叽喳喳地叫，突然又会安静下来

睡觉，那些地方就是"麻雀的家"。几万只麻雀形成巨大的鸟群涌入芦苇丛中，像浪花翻涌，十分值得一看。

在有积雪的地方，这种大群麻雀会在秋天消失，分散成为各个不到一百只的小麻雀群。而在气候温暖的地方，就算到了深冬，麻雀依然会保持集体行动。恐怕是因为在有积雪的地方，地面被雪覆盖，很难找到足量的食物喂饱一大群麻雀吧。实际上在一些气候寒冷的地方，依然可以人工建造喂食场给麻雀稳定地供给食物，维持其数量庞大的集群。

候鸟麻雀

当年繁殖过的麻雀，也就是当了爸爸妈妈的麻雀大多（不清楚具体比例）会定居在繁殖的地区，然后一边保护自己筑巢的地方，一边等待下一次繁殖期。不过在寒冷地区繁殖的成鸟（同样不清楚具体比例）到了秋天，会迁移到温暖或者能稳定获得食物的地方。迁移同样伴随着危险，而且筑好的巢可能会被其他麻雀偷走，但是为了躲避寒冷和饥饿，这也是没有办法的事情。等到天气暖和了，它们还会回来。不过我们并不知道是不是所有麻雀都会回来，或许有的麻雀在迁移到其他地区后就定居在那里了。

另外，当年出生的小麻雀大多会经历一段更长距离的旅行。其他很多鸟类身上也能看到同样的现象：在出生那年，鸟儿们会从出生地迁移到其他地区。

日本山阶鸟类研究所曾经做过标记调查，从 1924 年到

1943 年秋天，研究人员在日本新潟县的葛冢地区捕捉了几千只麻雀，给它们套上脚环后放生，后来在其他地区捕捉到 119 只。迁移路线如图 24 所示。

尽管不能确定这些迁移的鸟是否全都是幼鸟，不过进行长距离移动的大多是幼鸟。119 只里有 80 只的迁移距离在 23 公里以内，39 只的迁移距离超过了 100 公里，其中 2 只在 600 公里之外的冈山被捕获。尽管距离有长有短，不过幼鸟确实会飞到更远的地方。幼鸟会在目的地定居，之后的日子里除了季节性的迁移之外，不会再进行长距离迁移。

图24 在日本新潟县捕捉到的麻雀的迁移目的地 根据黑田长久《麻雀的标记回收分析》(《山阶鸟研报》1996 年第 4 期第 129~134 页)制图

秋季换新衣

不仅是麻雀，羽毛对于鸟类来说都很重要。长羽毛当然是为了飞行，同时还具备御寒和吸引异性的作用。麻雀为了保持羽毛的卫生，会通过频繁地洗澡和沙浴保持清洁（图25）。

另外，麻雀在秋季到冬季之间会淘汰旧羽毛，叫作"换羽"。换羽后自然会变漂亮，和夏天乱糟糟的样子截然不同（图26）。当年出生的幼鸟同样会在秋天换下全身的羽毛，成长为成鸟。

在换羽期，大雁和鸭子完全飞不起来。麻雀倒不至于完全不能飞，不过飞行能力会下降。

我刚才写到幼鸟会进行长途旅行，也要在换羽后才能实现。离巢时，幼鸟身上的羽毛是匆忙长好的，不适合长距离迁移。

图25 （a）成鸟洗澡。（b）刚离巢的幼鸟惊心动魄的洗澡场景　雏鸟
会来到成鸟不会去的池边，让看的人捏一把汗。（c）麻雀不仅会
用水洗澡，还会进行沙浴。（d）很多只麻雀进行沙浴后留下的洞

图26 （上）夏末时节,羽毛乱糟糟的麻雀　繁殖期结束,不仅外表邋遢,可能身体也很疲惫。（下）换羽期结束,冬季羽毛漂亮的麻雀

麻雀能活几年？

麻雀出生在春夏之交，到了秋天换羽迁移，在某个地方住下，之后每年生儿育女，那么它们能活多久呢？

人工饲养的麻雀最多能活 15 年。人工饲养的麻雀食物充足，不容易生病，所以普遍比自然条件下寿命更长。

在日本，麻雀在自然条件下的最长寿命记录是 2293 天，也就是 6 年零 3 个多月。这是前文中提到过的标记调查的结果，记录的是某只麻雀从带上脚环放生到下一次被捕获之间相隔的时间，所以它们实际生存的时间一定更久。

那么，在自然条件下，麻雀的平均寿命究竟是多少呢？老实说我们并不清楚。要想了解平均寿命，就必须知道出生的个体什么时候死去，而进行这项调查的难度很大。

虽说如此，为了了解麻雀的大致寿命，我参考少量国外的记录以及与麻雀相近的物种的数据进行计算后，得出了以下结果：

刚生下来的鸟蛋平均能活 6.5 个月；

刚孵出的雏鸟平均能活 10 个月；

离巢后的幼鸟平均能活 11.5 个月；

成功度过第 1 年冬天，长成成鸟后的麻雀平均能活 2 年 4 个月。

因为刚刚离巢的幼鸟平均寿命不到 1 年，大家或许会想：那麻雀是不是在离巢的第 2 年就都死掉了呢？事实并非如此。假设人类的平均寿命是 80 岁，说明在 80 岁左右死去的人比较多；但是由于很多麻雀在很小的时候就死掉了，所以拉低了寿命的平均值。

用下面这种写法或许更容易理解：

共有 100 枚鸟蛋，

有 60 枚能孵出雏鸟，

有 50 枚能活到离巢，

有 10 枚能活过冬天，

有 6 枚能活到第 2 年，

有 4 枚能活到第 3 年，

有 2~3 枚能活到第 4 年，

有 1~2 枚能活到第 5 年，

有 1 枚能活到第 6 年。

这样看来，麻雀也是相当辛苦的人（鸟）啊。

3

没有人类就无法生存？

——奇怪的鸟，麻雀

麻雀是我们非常熟悉的鸟，因为我们常常见到麻雀，会觉得"鸟就应该是这样的"。但是在我看来，麻雀是相当奇怪的鸟。下面我来为大家介绍几个奇怪的点。

麻雀喜欢生活在人类身边

很多鸟不喜欢有人的地方，它们更喜欢生活在自然环境优美的地方。

但就像我在第2章提到的那样，麻雀却只会在有人的地方繁殖。根据记录，日本大约生活着600种鸟，但只有麻雀和燕子会如此黏人。

实际观察结果显示，伴随着空心化[1]的出现，麻雀的身影也逐渐消失。就算没有人，麻雀也可以在房子上筑巢，在食物充足的情况下，生存应该没有问题才对，但麻雀还是迅速消失了。就算是城市近郊，从结构上来说可以供麻雀筑巢的地方，只要没有人类频繁来往，麻雀也不会去筑巢。就连高速公路上都存在"人多的服务区有麻雀，但停车场就没有麻雀"以及"平时有人的收费站会有麻雀，ETC收

1　空心化：一个地区或国家的经济向外转移、人口外迁，由此导致中心区域经济萧条的现象。

费站就没有麻雀"的现象。综合以上现象思考，恐怕起决定作用的是有人类存在这件事本身。

也就是说，麻雀会根据某个地方是否有人，来判断这里是否适合自己繁殖。大家或许会怀疑麻雀能否做出这样的判断，不过在动物的世界里，这是非常寻常的事情。很多动物会利用各种各样的信息来判断某个地方是否适合自己繁殖。比如生活在森林里的鸟就会利用到"什么样的海拔生长着什么样的树木""有多少能捕食的动物"等信息。它们甚至知道一个地方有没有和自己同样种类的鸟，其他鸟类的巢中有几颗蛋等有助于繁殖的信息。

所以麻雀能认出人类这种生物（不过不知道它们用的是什么方式），并把是否有人在附近生活作为自己是否进行繁殖的指标，也并非一件不可思议的事情。

为什么麻雀喜欢生活在人类身边呢？原因并不明确，目前可以想到的可能性是为了避开老鹰、蛇、黄鼠狼等天敌。这些动物不喜欢人类，所以如果麻雀在人类身边繁殖，不仅能保护自己，还能降低鸟蛋和雏鸟受到攻击的危险。

麻雀讨厌人类

麻雀讨厌人类。应该会有人吐槽："这不是跟刚才说的不一样吗?"刚才我说的是麻雀"喜欢生活在人类身边",并没有说"麻雀喜欢人类"。正好相反,麻雀看起来是讨厌人类的。

首先,麻雀会与人保持一定的距离。大家应该在公园等地方看过给麻雀喂食的人和麻雀的关系吧,乍一看温馨和睦,仔细一看,麻雀一直没有放松警惕,吃东西的时候都和人保持着一段距离,并不像真的敞开心扉信任人类的样子。

而且麻雀非常讨厌自己的巢被人发现。如果你想要观察麻雀往鸟巢里运送食物的样子,就会发现麻雀在有人观察的时候虽然会把食物带到鸟巢附近,却绝对不会进入鸟巢。

对人类的戒备心也许在某种程度上是由遗传决定的(如

果有人类把麻雀从小养大，也可以培养出对人类没有戒备心的麻雀，但并非都能成功），这同样是由于人类在很长一段时间里一直在捕猎麻雀。

昭和时代[1]之前并没有准确记载，所以我们不清楚情况。不过至少在进入昭和时期之后，日本人为了食用或者驱逐，每年会捕捉数百万只麻雀并消灭它们。在昭和之前的大正时代的文献记载中，麻雀繁殖失败的原因里，与"被蛇、鼠、乌鸦捕食"并列的是"人类儿童拾走鸟蛋"。孩子会出于恶作剧的心态拿走鸟蛋和雏鸟。可以问问如今七八十岁的老年人，他们小时候掏鸟蛋就和如今的孩子采集昆虫一样。

也就是说，人类会对麻雀进行强度很大的自然选择（或许应该叫人工选择）。说不定每年会给一个群体带来好几个百分点的影响。既然人类做过这些事，那么对于麻雀来说，人类就是和蛇、鹰等动物一样的捕食者，甚至会受到更严重的敌视。因为对人类戒备心强的麻雀更容易留下后代，

1　昭和时代：1926-1989 年。

所以从小对人更警惕的麻雀逐渐居多就不足为奇了。

既然如此，远离人类生活的麻雀应该增加才对。可是在没有人的自然环境中，已经有其他种类的鸟在生活了。而且麻雀由于在很长一段时间里一直生活在人类身边，或许已经很难回归自然环境了。留在人类身边生活，同时对人类保持警惕，这或许是麻雀的"妥协方式"。

不过最近我觉得麻雀对人类的厌恶正在减少。有的麻雀就算被人看到也完全不在意，依然会把食物运回鸟巢。另外，东京还出现了直接从人类手里吃食物的"手心麻雀"（图27）。因为捕猎麻雀的现象和之前相比在减少，孩子的恶作剧也在减少，所以对麻雀来说，人类已经不再是威胁，所以警惕人类反而是一种损失。和不愿意从人类手中获取食物的"硬骨头"麻雀相比，获取所有能获取的食物的麻雀应该能留下更多的后代。人类与麻雀的关系或许正在逐渐出现巨大的变化。

图27 在人类手中觅食的麻雀　麻雀争先恐后地飞过来。一旦确保安全，其他麻雀也会效仿，所以今后这样的现象可能会增加

惊人的高密度繁殖

　　麻雀的另一个奇妙之处在于不同寻常的高密度繁殖，可以说几乎没有其他鸟类可以达到如此高密度的繁殖。

　　高密度繁殖没什么不可思议的吧……住在城市人口密集地的人或许会产生这样的想法，但这是由于城市里的食物等资源足够充分。很多鸟类无法获得充足的资源，所以鸟儿们一般会和配偶一起生活，拥有属于自己的地盘。它们在自己的地盘里不断巡逻，从中搜寻一定量的食物。雄鸟还会赶走其他雄鸟，避免自己的妻子离开自己的地盘（不过大部分时候会失败）。

　　以和麻雀大小相似的大山雀为例，每对大山雀有一块半径为几十米的地盘，它们不允许其他大山雀在自己的地盘里繁殖。所以大山雀的巢之间至少相隔50米（在城市中相隔更远）。

与之相对，麻雀巢的间隔经常不到 1 米，虽然不清楚麻雀是不是真的能够彼此接受，不过麻雀巢的密度比大山雀要大得多。在树木茂盛的住宅区，大致的比例是有 1 个大山雀巢的地方就有 20~30 个麻雀巢。

虽然我刚才写过，除了麻雀之外，没有其他繁殖密度如此高的鸟类了……但是也有例外。海鸥等一部分海鸟的繁殖密度更高。大家在电视上看到过海边或者热闹的"鸟类繁殖地"吧。黑尾鸥等鸟类，巢与巢的中心距离甚至只有 1 米。

但是和麻雀不同，黑尾鸥的情况更容易解释。首先，海鸟只能在岛上的裸地等有限的地方筑巢。而且它们的觅食处——鱼群聚集的场所（海域）每天都在变化。因此像大山雀一样在一个地方筑巢来保护周围的资源，意义不大。相反，在裸地上单独筑巢的话，鸟蛋和雏鸟更容易被捕食者攻击，所以大家聚在一起筑巢更方便保护自己。

另外还有其他高密度繁殖的鸟类，它们的情况都和海鸟一样，筑巢的范围有限。不过只要有城市，麻雀就能筑巢，在范围如此广的区域里高密度繁殖，或许可以说是麻雀最大的特点。

麻雀没有领地，巢又距离很近，所以会有一些在普通鸟类身上看不到的行为。观察某个麻雀巢就会发现，会有主人夫妇之外的麻雀朝里面窥探。有时，在窥探中途遇到主人回来，窥探者就会被赶走。恐怕是因为筑巢的地点有限，打算筑巢的夫妇想要品评一下其他麻雀巢的情况，如果巢主人的育儿期即将结束，它们就可以在这里筑巢。

麻雀还会趁主人不在的时候,叼起鸟蛋扔到鸟巢外面(图28)。这可能是为了让主人繁殖失败，然后夺取这个鸟巢。又或许是为了抢夺正在育儿的雌鸟(因为"犯人"都是雄鸟)。

不仅是抛弃鸟蛋，在对家麻雀的研究中，研究者还观察到了扔掉雏鸟的行为，这在日本的麻雀中也有好几个间接证据，比如时不时就能见到麻雀的雏鸟掉在地上（图29）。虽然也可能是碰巧从巢中掉落，不过应该存在被其他麻雀叼出鸟巢的情况。

写下《远野物语》的民俗学者柳田国男在《野鸟杂记》

中写过，他曾经见过掉落的雏鸟，怀疑是麻雀在搬家途中落下了雏鸟。1980 年左右，人们发现了动物为获得自己的繁殖机会而杀掉同类的现象。在此之前，人们认为动物的行为都是为了物种繁荣，所以柳田恐怕想不到麻雀会杀害其他同类的孩子。

图 28 叼着其它麻雀巢里的鸟蛋准备扔掉的麻雀　笠原里惠供图

图 29 掉在鸟巢旁边，离巢前的雏鸟　死因不明

终止蛋之谜

麻雀的蛋也很神奇。

麻雀基本上每天下一枚蛋，但只有最后下的那枚蛋和之前的蛋不同，颜色较浅（图30），叫作"终止蛋"，意思是"最后一枚蛋"，在英语中是 odd colored egg（颜色奇怪的蛋）。

在雌鸟腹中受精后，鸟蛋被蛋壳包裹，然后在生下来之前会被着色。也就是说，鸟蛋的颜色是被特意涂上去的。普通的鸟会给所有鸟蛋涂同样的颜色，然而包括麻雀在内的一部分鸟的鸟蛋，只有最后产下的一枚颜色不同。

为什么只有最后一枚蛋颜色浅呢？关于这个问题，出现了各种各样的假说，比如"可以知道哪一枚蛋是最后生的，然后优先孵这枚蛋""鸟蛋着色是为了避免被捕食者发现，而生下最后一枚蛋之后马上就要开始孵蛋了，不需要再着色，所以最后一枚蛋的颜色浅一点也没关系"。不过每一个假说都不是那么一针见血，因此这还是一个未解之谜。

图 30　在鸟巢中发现的终止蛋　最右边一枚是最后产下的鸟蛋。加藤贵大供图

吃樱花的"文化"

到了樱花盛开的季节，在樱花树下可以看到花瓣雨中有整朵花一起落下的景象（图31a）。导致整朵花落下的"犯人"就是麻雀。最近，麻雀吸食花蜜后导致整朵花落下的事情在电视和网络上都引发了话题讨论。

鸟喙纤细的日本绣眼鸟会采用不让花朵掉落的"正统派"方法吸食花蜜。它们把鸟喙从樱花正面插入吸食花蜜，不会让樱花掉落（图32）。但麻雀的鸟喙又粗又短，没办法像日本绣眼鸟那样从正面吸食樱花花蜜。于是它们会撕扯花朵背面的萼筒部分，从那里面吸食花蜜（图31b）。这样一来，花朵会被扯下来（图31c），掉到地面上。

人们在江户时代[1]中期就发现了麻雀的这种行为。一位

---

1 江户时代：1603–1868 年。

图31 （a）被麻雀扯掉的花 不是花瓣飘落，而是整朵花掉落。（b）捡起来仔细一看……萼筒部分有一个洞。（c）吸食樱花花蜜的麻雀咬碎樱花的萼筒部分

图32 日本绣眼鸟吸食花蜜 从花朵正面吸食

名叫三熊花颠的喜欢樱花的画家就画下过这一景象。既然如此，应该有更多人知道这件事，近年来看到这类场景的人也迅速增加。

这也许和樱花分布随着时间的变迁有关。根据樱花的历史可知，日本赏樱的习俗始于奈良平安时代[1]，奈良吉野山等地的樱花很有名。到了江户时代，樱花逐渐成为百姓们熟悉的花。在 17 世纪初，樱花被移植到江户上野。18 世纪中期，江户府内出现了好几处樱花胜地，上文中提到的画就是那段时期出现的作品。后来，江户染井村（现在的巢鸭附近）出现了我们熟悉的樱花品种染井吉野樱，樱花开始在日本全国种植。

这些在日本广泛种植的樱花在二战结束前后被砍下当成木柴使用，于是数量减少，麻雀遇到樱花的机会应该也减少了。后来，随着经济的复兴，人们重新开始种植樱花。也就是说，最近麻雀与樱花接触的机会在增加，于是有更

---

1 平安时代：794-1192 年。

多的地方出现了麻雀吃樱花的行为,这种推理是合乎逻辑的。

麻雀吃樱花的行为被叫作"盗蜜"。为什么要用"盗"字,是因为日本绣眼鸟等鸟类吸食花蜜后,花粉会粘在它们的嘴上和脸上,于是它们还可以承担传粉的工作,可以说花蜜是它们应得的报酬;而麻雀不传粉只吸食花蜜,所以是"盗"蜜。

"麻雀只会偷,也太不像话了",不过对于我们平时看到的染井吉野樱来说,情况却有些不同。因为染井吉野樱本来就不能通过授粉来繁殖后代,而是通过嫁接来培植。就算麻雀像日本绣眼鸟那样堂堂正正地从正面吸食花蜜,给其他花朵传粉,对樱花树的繁殖来说也基本起不到作用。

顺带一提,说到麻雀啄掉樱花会不会给我们赏花带来影响,目前来说影响并不大。一棵树上有几十万朵花,麻雀破坏的最多只是其中的几百朵。

或许是因为这个原因,又或许是出于日本人对麻雀的特殊感情,目前,人们对麻雀吃樱花的行为投以慈爱、包容的目光,觉得那是麻雀的恶作剧。如果是乌鸦,恐怕会遭到更多批判吧。

在电线杆上筑巢

说完樱花，就要提到麻雀在电线杆上筑巢的事情了。

麻雀会在各种各样的人造物的缝隙里筑巢，也会在电线杆上筑巢。可是电线杆上有正合适的缝隙吗？

其实电线杆本身并没有洞。不过安装在电线杆上的各种零件上有洞，麻雀就是在那些洞里筑巢的。

麻雀最常筑巢的位置是横担。横担是安装各种零件的踏板（不是指工程上用的踏脚板，而是指固定零件的位置）。横担是中空的，麻雀就在里面筑巢。只要看看电线杆就会知道横担的数量非常多。在图33中能看到5根横担，1根电线杆甚至可以拥有将近20根横担。

如果所有横担都能用上，对麻雀来说就是一批不错的集体住宅，但情况并非如此。仔细观察会发现，横担两端是封住的。不同区域的封堵方式不同，所以下次请大家仔

横担

变压器

图33 电线杆的结构 越靠近市中心,电线杆的结构越复杂

细观察（图34）。这是因为不同地区的电力公司不同，不同电力公司使用的机械材料也不同。

我咨询过电力公司，为什么要封堵横担，得到的答案是："如果有洞，麻雀就会筑巢，就会有蛇爬上电线杆袭击麻雀，要是蛇连通了电线杆上原本绝缘的部分，就会造成短路停电。封堵就是为了避免这种情况的出现。"爬上电线杆的恐怕是黄颔蛇，黄颔蛇擅长爬树，所以会爬上电线杆袭击麻雀巢。

横担基本上都是被封住的，不过偶尔还是会有开洞的横担。有时候是由于某种情况忘记封堵，有时候是因为封堵材料退化破洞，于是麻雀就会进到洞里筑巢。洞里应该相当狭小，而且横担是金属材质，到了夏天里面恐怕会变成火热的"地狱"，麻雀就是在这样的环境中繁殖的（图35）。我觉得如果能看看洞里的样子应该会很有趣，于是和电力公司的员工商量能不能让我调查，遗憾的是，他们出于安全的原因拒绝了我。

除了横担之外，麻雀还会在电线杆的其他位置筑巢，

图34 横担的各种封堵方式　在旅行的不同目的地发现封堵方式的不同，也别有一番乐趣

图35 在有洞的横担里筑巢的麻雀内径约为7厘米×7厘米，所以一个鸟巢的面积应该很小，大约只有一张榻榻米的四分之一大

那就是"变压器"。大家有没有见过电线杆上像塑料盒一样的东西？那就是变压器（图33）。电力线（将电力送入各家各户的电线）的电压高达6600伏，而各家各户需要的电压是100伏，负责变换电压的就是变压器。

　　不同电力公司的变压器材质不同，所以形状也不同，安装方法也不相同。一部分地区支撑变压器的金属零件上有开孔，麻雀就会在孔洞里筑巢。我并没有全面调查过，不过日本关东地区的变压器支架上（也就是日本东京电力公司的管辖范围内），应该有不少麻雀巢。

　　电线杆出现于明治时代[1]初期，在二战后发展到了现在的规模。而且战争刚刚结束时，电线杆的横担是木质的，所以麻雀无法在里面筑巢。也就是说，麻雀在电线杆上筑巢的历史只有短短几十年。能够灵活应对人类生活的变化，也可以说是麻雀的一大特点吧。

1　明治时代：1868-1912 年。

4

日本历史的著名配角

——微妙距离外的两千年

　　如前文所述，麻雀对日本人来说是一种亲近的动物。但麻雀的亲切感不仅是物理距离上的亲近，它们自古以来就在文学、艺术等领域融入进了日本文化中。

　　可以说正因为它们是麻雀，日本人才会如此喜爱它们。毕竟在与人类形影不离的动物里，也有蟑螂这种被厌恶的动物。国外的麻雀研究者同样认为日本人对麻雀的喜爱非同寻常。那么日本人究竟是被麻雀的哪一点所吸引的呢？

在《古事记》中登场

　　麻雀第一次在日本书面记录中出现，是在《古事记》中。《古事记》编撰于公元 8 世纪，书里出现了"雀"这个字。由于《古事记》是日本流传至今最古老的书籍之一，所以可以说麻雀在日本书籍诞生之时就已经登场。

　　但"雀"同样用来表示各种其他动物，所以问题在于《古事记》中的雀是否真的是我们所知道的雀形目雀科麻雀属的麻雀。

　　《古事记》对麻雀的记叙如下：

　　河雁为岐佐理持。鹭为扫持。翠鸟为御食人。雀为碓女。雉为哭女。如此行定而。日八日夜八夜游也。

　　这段描述出现在天若日子的葬礼场景描述中。

在神话时代，大国主神统治着苇原中国[1]。高天原的天照大神看到苇原中国的繁华景象，要求大国主神让出这片土地（顺便说一句，学界认为这段故事反映了属于中央政权的大和朝廷要求统治出云地区的大国主神归于自己的统治之下的史实）。天照大神先派出了一名使者，结果被大国主神拉拢。第二名使者（天若日子）与大国主神的女儿陷入爱河。第三名使者被天若日子射杀，那支箭一直飞到了高天原。高天原对箭施咒，天若日子如有反心，这支箭就会射中他，然后高天原抛回了箭，结果天若日子被箭射中身亡（总之就是对出使出云朝廷后背叛大和朝廷的使者实施了制裁）。看到前面的原文就会明白，这场葬礼上出现了各种各样的鸟。

河雁负责运送献给死者的食物，白鹭负责在送葬时用笤帚清扫地面，翠鸟负责做饭，麻雀负责舂米，绿雉负责哭丧。葬礼上为什么会出现这么多鸟呢？对此学界有各种说法。比如当时的人们认为鸟是来往于此世和彼世之间的神圣动物，

---

1 在日本神话中，苇原中国是位于高天原（天界）和黄泉国（冥界）之间的世界。它被视为人间世界，是日本众神所关注的一片土地。

所以人们会打扮成鸟的样子举行葬礼，也许是为了祈求重生。

另外，既然文章中的"雀"与米联系在一起，应该就是和我们人类关系匪浅的麻雀了。

麻雀没有出现在《万叶集》中，
但在《枕草子》中再次出场

    《万叶集》是日本最古老的和歌集，编撰于公元 7 世纪下半叶到公元 8 世纪下半叶。收集了从天皇、贵族到下级官员、民兵等各种不同身份的人们吟咏的和歌，总数超过4500 首（关于数量有多种说法）。

    《万叶集》中收录了大量吟咏大自然和四季的和歌，有趣的是，很多人指出其中找不到吟咏麻雀的和歌。并不是因为当时没有麻雀，毕竟麻雀早已出现在了刚才提到的《古事记》中。而且同时代的文献中还多次出现白色的麻雀，比如苏我入鹿（645 年，大化改新前被中大兄皇子暗杀）的侍者捉到白色麻雀的故事。除此之外，文献中也出现过好几次把白色麻雀进献给当时的天皇的记录。当时的日本人似乎把白色麻雀当成祥瑞。

    白色麻雀之所以全身纯白，是由于遗传或者生理方面的原因无法合成黑色素，所以长不出褐色或黑色的羽毛。因为生出这种麻雀很难得，可见当时已经存在大量普通麻雀。

那么为什么《万叶集》中没有吟咏麻雀的和歌呢？

原因并没有具体的记载，大概是麻雀不适合放进和歌里。或许是因为它们太普通，而且一年四季都在，所以人们无法从麻雀身上感受到季节的变化吧。

相比之下，《万叶集》中常见的鸟有小杜鹃和日本树莺。这两种鸟很难见到，而且会在特定的时期啼鸣，又在特定的时期沉默，别有一番风情。而麻雀一直都在，它们与人的距离也许太近了。顺带一提，小杜鹃的别名是布谷鸟，会把蛋下在日本树莺的鸟巢里让它们帮自己哺育后代，所以这两种鸟一起出现，在某种意义上来说是必然的。

在《万叶集》后不久完成的《枕草子》中出现了麻雀，著名的有"使人惊喜的事是：小雀儿从小的时候养熟了的"。还有"可爱的东西是……小雀儿听人家啾啾地学老鼠叫"[1]，

1　周作人译本。

这一段还被翻译成"可爱的东西是……小麻雀听到人学着老鼠叫声，便蹦蹦跳跳跑过来"[1]。

另外还有"假如这是常在近旁的鸟，像麻雀这样，也就并不觉得什么了"的描述，这是与日本树莺对比时写下的文字。之前还有"（莺）到了夏秋的末尾，用了苍老的声音叫着"的内容，然后才有了对麻雀的描述。从这里也能看出当时麻雀是一年四季都有的。

1　陈德文译本。

童话里的麻雀

麻雀还经常在童话中登场。

人救了动物，然后动物报恩的故事一般被叫作"动物报恩谭"。报恩故事来源于佛教思想，在佛教中，杀生是戒条之一，而救助动物的生命被认为是善行，动物会报恩。鹤的报恩是大家耳熟能详的故事，麻雀同样会以各种各样的形式报恩。

最著名的是"舌切雀"的故事：

很久很久以前，在某个地方，一位老爷爷很疼爱一只麻雀。一天，老爷爷不在家，老奶奶煮了用来糊纸拉门的糨糊，结果麻雀舔完了浆糊。老奶奶一怒之下剪掉了麻雀的舌头，麻雀逃进了大山里。

回到家中的老爷爷听说了这件事，因为担心麻雀，所以去山里寻找，经历了重重考验，最终来到了麻雀的家。因为老爷爷以前很疼爱麻雀，所以麻雀热情款待了老爷爷，还让老爷爷临走前在大小两个葛笼中随便选一个作为礼物。老爷爷选了小葛笼，回到家中发现里面塞满了金币。老奶奶很羡慕，找到麻雀的家，拿走了大葛笼。但是里面装的是蛇、蜥蜴等动物，让老奶奶非常痛苦。

故事最终劝诫人们要善待动物，不能贪心。

我认为麻雀出现在故事中是有特殊意义的。恐怕当时麻雀被当成了害鸟（可以认为"糨糊"暗示着"大米"），因此遭到人们的捕食。而这个故事是不是在表现人与麻雀不应该只是保持捕食和被捕食的关系呢？或许人们从经验上了解到麻雀也是吃害虫的益鸟，想借这个故事表达要珍惜麻雀的精神。

《宇治拾遗物语》中也有类似的故事，名字叫"折腰麻雀"：

有一天，孩子们用石头砸断了一只麻雀的腰，在麻雀快要被乌鸦攻击的时候，一位老奶奶救下了它。麻雀为了报恩，留下了一颗葫芦种子。老奶奶种下种子，结出的葫芦里冒出了大米，于是老奶奶过上了幸福的生活。邻居奶奶嫉妒她，故意折断麻雀的腰，想得到大米，结果葫芦里冒出了毒虫，让邻居奶奶痛苦不已。

江户人也喜爱的麻雀
——饲养习惯和放生会

　　在江户[1]城，麻雀同样是一种普普通通的鸟。明治时代旅居东京的英国人麦克比恩曾经写道："随处可见麻雀在人家繁殖。"歌川广重的《名所江户百景》中也时常有麻雀出现（图36）。

　　在江户，有一段时期流行一种颜色素雅的纯色和服，叫作"雀羽色"。也有一段时期流行一种颜色华丽的和服，被称为"江户紫"，但由于奢侈而被幕府禁止，于是百姓们转而选择了以褐色和灰色为基调，素净而雅致的颜色，统称为"四十八茶百鼠"，麻雀的褐色也是其中的一种。

　　刚才我提到《枕草子》中介绍了饲养麻雀的故事，江户也流行饲养小鸟。当然，珍稀鸟类和叫声优美的鸟很受重视，

1　东京旧称。

不过麻雀也由于入手简单、饲养方便而被广泛饲养。另外，麻雀还被作为狩猎老鹰时的诱饵来饲养。

麻雀还会成为一景。在夏末时分，芦苇荡或者树林中能看到大群归巢的麻雀，于是大量观光客聚集欣赏这幅景象，称之为"雀合战"。

放生会仪式上也有麻雀登场。放生会基于佛教禁止杀生的戒条，将鸟和鱼放回大自然，是一种补偿过往杀生罪孽的仪式。日本全国各地的八幡宫现在依然在进行新形式的放生仪式。佛教仪式在神社举行确实有些奇怪，不过当时神社和寺庙的界限并不分明。

在江户放生的是鸟类、龟和鳗鱼。普通人并不会自己捉来这些动物然后放生，而是会从专门卖这些动物的路边摊上买来后放生。当时卖的大多数鸟似乎是麻雀（图37）。或许是因为容易捕捉，或许是因为麻雀被人当成会啄食稻谷的害鸟捕食，所以最适合用来做法事。

图36 歌川广重的《名所江户百景》第112景"爱宕下薮小路" 麻雀在白雪覆盖的城市中飞翔。除此之外还有其他几幅作品中出现了麻雀，可见麻雀是江户城中常见的动物。 出自日本国立国会图书馆电子资料

图37 放生会放生麻雀的卖雀郎 出自《今样职人尽歌合》

活在庶民文化俳句中的麻雀

虽然《万叶集》中找不到麻雀，但是很久之后，麻雀开始频频出现在俳句中。

著名的有小林一茶的"小小麻雀儿快躲开，一匹大马过来了""来我这里玩儿吧，没有母亲的雀儿"等。在这些俳句中，麻雀都作为季语表示春天。除此之外，和麻雀有关的季语还有表示春天的"怀孕的麻雀""雀巢"，表示秋天的"稻雀"，表示冬天的"寒雀"等。

有趣的是，秋天有一个长长的季语是"成为雀蛤"。在中国，人们把季节分为七十二候，为每一候起了一个符合气象变化和动植物变化的名称。其中，寒露第二候是"雀入大水为蛤"，即雀鸟进入大海化身为蛤蜊。10月初进入秋天后，麻雀会去到耕地里，在中国则是去到温暖的地区，所以寒冷的地方看不见雀鸟，人们便认为它们化为了花纹相似的蛤蜊。

正冈子规曾经写过"没能成为蛤蜊的稻雀"。

松尾芭蕉曾在大津附近写下了"茶树丛是稻雀的藏身之处"的俳句。这首俳句从动物行为学上分析也合情合理。稻雀指的是聚集在成熟稻田里的麻雀。这个时期的麻雀不在广阔的田地里觅食，而是在附近有树林的地方觅食。因为有了树丛就能在遇到危险时立刻躲进去。实际上，确实有农民因为麻雀钻进农田旁边的行道树里而烦恼。芭蕉应该是敏锐地捕捉到了在茶树丛附近的稻田里觅食的麻雀被人追赶，迅速钻进茶树丛时的场景。另外，"进入茶树丛"还有进入迷宫的意思，或许这首俳句中还包含着文字游戏。

纹样中的麻雀

麻雀还经常被用在纹样中。

比如制作于平安时代后期，现在成为重要文化遗产的"野边雀莳绘手箱"。黑漆底上用金色和银色勾画出飞翔的麻雀、啄食的麻雀以及一对亲子麻雀。

另外，让我们把时间向后推进一些，春日大社收藏的国宝——赤色威丝大铠上也有麻雀。这副铠甲还被做成了邮票（图38），虽然看不清邮票上有没有麻雀的身影，不过铠甲真品上到处都有麻雀装饰。尽管麻雀和铠甲似乎并不相称，但这副铠甲上描绘的麻雀眼神犀利，看起来有几分强大。

赤色威丝大铠上同时画了麻雀和竹子，"竹与雀"是经常使用的纹样组合。在现实生活中，麻雀也会在竹林中过夜，因此这个纹样组合也许是描绘出了现实中的景象。但我认为并不仅仅如此，从"梅与莺""松与鹤"等纹样可以看出，并不是只有常见的情景才会被作为纹样。我们平时看不到"梅与莺"在一起的景象，白鹤也不可能停在松树上（日本绣眼鸟会与梅花同时出现，东方白鹳会停在松树上）。包括"竹与雀"在内，这些纹样应该是由于"画面好看""寓意吉祥"才成为了组合。

说到"竹与雀"，就要说到伊达家的家纹（图39）。在日本仙台伊达家的家纹中，有两只相对的麻雀，其中一只张着嘴，应该是在表现"阿吽"的形状。神社里的狛犬、寺庙里的仁王像若是成对出现，也常常有一方张着嘴（不过一般表现"阿吽"的一对图案都是右边的动物张开嘴，而伊达家的家纹却是左边的麻雀张着嘴）。

不仅是纹样，画作中也常常有麻雀登场。琳派画家[1]的作品中就常常出现麻雀，伊藤若冲的《秋塘群雀图》中，就在一群麻雀中混入了一只白色麻雀（图40）。

1　琳派是日本绘画流派，追求自然之美，以装饰性的绘画风格和独特的用色著称。

图38 赤色威丝大铠邮票 这种构造叫作"威"，用红线做成得名。铠甲实物上有80多只麻雀飞舞的图样

图39 伊达家的家纹 竹子纹样中有两只麻雀相对

图40 伊藤若冲绘制的《秋塘群雀图》 画作上方混入了一只白色麻雀。如果是拍摄的照片，不会出现所有麻雀都张开翅膀的景象，而画作中就可以营造出麻雀统一行动的澎湃氛围。藏于日本宫内厅三之丸尚藏馆

"麻雀的眼泪""欢欣雀跃"
——词汇中的麻雀

麻雀同样频频在词汇中登场。我在多本字典中查到了100多个带"雀"的词汇，这正是麻雀受到喜爱的证明。

"麻雀的眼泪（雀の涙）"是指数量很少的物品，"给麻雀刺果（雀に毬）"和对牛弹琴一样，表示对不懂道理的人讲道理。"雀鸣千声，不如鹤鸣一声（雀の千声鹤の一声）"的意思是愚众的七嘴八舌不如权威者的一声令下。

"雀"用来比喻啰唆的人、多嘴的人，也可转译为精通当地情况的人。比如京雀指的是熟悉京都的人。

"生性难改（雀百まで踊り忘れず）"直译为麻雀到了100岁也不会忘记跳舞，意思是性格和习惯不会随着年龄增长而发生改变。而"欢欣雀跃（欣喜雀躍）"形容开心到情不自禁地跳起来。《广辞苑》第六版中有例句："听到合格的通知后欢欣雀跃。"

还有一个比较少见的词"门可罗雀（門前雀羅を張る）"，意思是由于访客太少，大群麻雀在门前嬉戏，甚至可以撒网捕捉，和"门庭若市（門前市を成す）"是一对反义词。

另外，还有用"雀"表示时间的词汇。"雀色""雀色时""雀时"都表示黄昏时分。

顺带一提，《庸医》等落语剧目的枕语中常常把医术不精的医生称为"麻雀医生"。因为日语中的庸医叫作"薮医者"，而麻雀会朝着"薮（灌木丛）"飞去。

受到崇拜的麻雀

日本还有雀神社，其中比较著名的是茨城县古河市的神社。我的家乡旁边的岩手县盛冈市汤泽也有雀神社（图41）。古河市的雀神社把麻雀奉为正一位。正一位是身份等级中的最高位。这意味着地位相当重要，如今人类中被奉为正一位的也只有藤原氏、源氏的大人，还有德川家的将军们而已（顺带一提，只有最后一位将军德川庆喜是正一位之下的从一位）。

在鸟类中，夜鹭被醍醐天皇赐予五位的位阶，所以在日语中叫作"五位鹭"（或许并非史实），那么麻雀岂不是比夜鹭的地位高得多？很遗憾，事实并非如此。稻荷神社因为用了稻荷神的名称而著名，但神社里祭拜的并非稻荷神，狐狸（稻荷）只是主神的眷属（随从），同样，雀神社里的麻雀也是神社供奉的主神的眷属。话说回来，麻雀的确是被人类供奉过的动物。

图 41 日本盛冈市汤泽的雀神社　虽然这里名字叫汤泽，但是并没有温泉[1]，有一种说法是麻雀带走了温泉

1　日文中的"汤"表示温泉。

彩蛋 2 除了麻雀，还有别的动物也叫雀

除了麻雀之外，还有其他动物用麻雀的名字表示小的意思。比如有些地方就把松雀鹰等体形较小的鹰叫作"雀鹰"。英语中也有相似的表达，比如小型鹰就叫作雀鹰（sparrowhawk）。还有一种鱼叫作"雀鲷"，恐怕也是因为它比普通鲷鱼更小吧。

有些名字中带"雀"的生物取的是"麻雀可以使用的尺寸"的意思，比如植物中的地杨梅（雀の槍，直译为"麻雀的长枪"）、早熟禾（雀の帷子，直译为"麻雀的单衣"）、看麦娘（雀の鉄砲，直译为"麻雀的步枪"）等。刺蛾的茧也被称为"麻雀的小便桶（雀のたご）"。

"雀"不仅有"小"的意思，一些比麻雀小的动物如果长到麻雀的大小，也就是比种群的平均大小更大时，名字中也会有"雀"，比如胡蜂（雀蜂）就是一个很好的例子。

还有的动物因为花纹和麻雀相似，所以名字里带雀，比如顶盖螺（雀贝）、天蛾（雀蛾）等。不过"雀贝"中的"雀"也有可能是形容小，"雀蛾"中的"雀"也有可能是形容大。

饮食文化中的麻雀——烤制食用

　　虽然开始时间没有定论，不过日本人确实会吃麻雀。

　　据我所知，日本人确定吃上了麻雀的时间是江户时代，当时的食谱上出现了烤麻雀。食谱上对烤麻雀的描述看起来并不稀奇，由此可见在那之前，烤麻雀就是一种普通的食物了。

　　在江户时代之前，已经留下了贵族吃鸟类的记录，不过记录中提到的是鹤和鸭子，并没有出现麻雀。这是否说明麻雀至少不是高贵的人会吃的食物呢？古代有记载，卑弥呼派往魏国的使者似乎在魏国吃到了麻雀（无法否定使者吃到的是其他小鸟的可能），恐怕人们从那时开始就有了吃麻雀的习惯。

　　以上只是推测，或许从绳纹时代[1]开始，麻雀就成了日

　　1　绳纹时代：约始于公元前 12000 年（一说公元前 14500 年），结束于公元前 300 年。这是日本的石器时代后期，因当时的陶器外面有绳纹花样而得名。

本人常见的食物，绳纹时代的贝冢里确实发现了疑似麻雀的骨头。不过测定小鸟骨骼种类的技术并不发达，所以无法断定骨头就是属于麻雀。而且麻雀这么小的动物，烤过之后连骨头都可以吃掉（或者说想不吃掉骨头反而更难），就算当时的人会吃麻雀，可能也不会在贝冢里留下太多骨头。

从大正时代到昭和时代中期，有很多关于麻雀吃法的记载。

现代一提到吃麻雀，名气大的就是京都伏见稻荷大社的烤麻雀（图42）。这里是刚才提到的全国很多座稻荷神社的总神社。虽说不是寺庙，不过为什么要在神社前做吃麻雀这种杀生行为呢？或许是因为稻荷神原本是保佑五谷丰登的神，吃麻雀则有祈祷丰收的意思。而且仔细想想，每座神社的参道上都会有吃鳗鱼、南蛮鸭肉荞麦面的小摊。如果有节日庆典，出现烤鸡店也很正常。在参道上卖烤麻雀或许也没什么需要格外在意的地方。

图42 伏见稻荷大社门口著名的烤麻雀　在烤麻雀中，冬天捉到的叫寒雀，因为脂肪较多所以尤其美味

麻雀的药效

麻雀不仅能吃，还能做药材。

1923 年，日本农商务省农务局发行的《鸟兽调查报告书》中总结了麻雀的药用功效。但报告书中并没有写药材是否真的有效，只是写明了"被用于治疗 ×× 症状"。

报告书中以表格的形式总结了"制法""用法""治疗病名""使用县名""备注"，几乎囊括了所有都、道、府、县使用的药材。比如"烤焦""内服""小儿百日咳""埼玉""将一千条腿烤焦后服用有特效"等，意思是，将麻雀腿烤焦后吃掉能有效治疗小儿百日咳，而且用一千条腿的话有特效。

当儿童患上百日咳，身体不适时，一次吃很多条麻雀腿似乎不现实。就算每天吃 10 条都要花 100 天才能吃完。百日咳这种病最多 3 个月就能自愈，所以说不定是时间治愈了疾病。

除此之外，麻雀还有其他制法：烤焦，用鲜血或用味噌腌制，生吃蛋，生吃肉，阴干，用酱油腌制后烤熟等。针对的疾病有咳嗽、风湿、梅毒、尿床、眼病、中风、红肿、冻伤、内热、腹泻等，是"什么都能治"的药材。报告书里记载，把麻雀的鲜血滴在眼睛里能有效治疗各种眼病，但我并不推荐这些做法。

清晨的啼鸣——现代文化中的麻雀

在现代，麻雀同样会出现在各种各样的场景中，其中具有代表性的是"啾啾"的叫声，经常作为电视和广播中出现清晨和市井情景时的背景音。

最近的小说和漫画中也会出现"清晨的啼鸣"。出现伴侣在夜里同寝的场面（不仅是异性伴侣，反而更多是同性的情况）时，如果画面转暗后，从窗外传来麻雀的叫声，就暗示着这对伴侣发生了关系。这种情况会用"清晨的啼鸣"来表现，甚至有"清晨啼鸣了吗？"的说法。

北原白秋在作品《麻雀的生活》中谈论过"清晨的啼鸣"。我在这里引用北原白秋可能会有人生气，不过我还是下定决心引用：

当我犯了女戒，感慨万千地醒来时，没有比听到麻雀们虔诚的啼鸣交相呼应更加痛苦的事情了。在这种时候，麻雀的叫声会成为我内心忏悔的机缘。

漫天飞雪的清晨尤甚。走出房间，麻雀像孩子一样在寺院被白雪覆盖的红色山门上嬉戏、跌倒，看到麻雀陶醉的样子，我深深地为自己的卑鄙感到羞耻。如果不在路过花店时给妹妹买一束白水仙，就没脸打开家里的格子门。

5

农业害鸟麻雀

虽然日本人喜欢麻雀，但另一方面，对从事农业生产的人来说，麻雀是一种对作物有害的、可恶的鸟。面对农业害鸟麻雀，人们抱着怎样的感情呢？另外，为了保护农作物不受麻雀的侵害，人们使用了什么样的方法呢？

明治时代之前的人们对麻雀的看法

麻雀对农业造成的危害一定自古有之。因为日本各地（尤其是东日本）有"赶鸟节"，目的是祈祷丰收，祈祷农作物不受鸟类的危害。说到大肆吃稻米的鸟，就是麻雀了（图43），所以赶鸟节时驱赶的对象应该就是麻雀。正如我在第4章中写到的那样，在舌切雀的故事中，麻雀因为吃了糨糊惹老奶奶生气，这里的糨糊指的是用来糊纸拉门的米糊，表现的是麻雀吃稻米的现象。

面对吃稻米的麻雀，人们抱着什么样的感情呢？我不清楚古人的感情，《枕草子》确实表现出了对麻雀的喜爱。不过那是贵族的感情，我并不清楚普通人，尤其是农民的想法。

在描写农业和麻雀的作品中，有江户时代的俳人小林一茶的俳句：

> 躺在床上闲聊，用脚踩响鸟鸣器。

俳句描写的是躺在床上一边聊天一边时不时用脚踩响鸟鸣器赶走麻雀的情景，表现得幽默闲适，并没有"急迫"的感觉。

那么这是不是普通农民对麻雀的感情呢？我觉得并不一定。虽然我不知道这首俳句描述了什么样的情景，不过若是在江户周围，那么生活应该比较富足。而在外地，尤其是日本东北地区，在江户时代的饥荒时期曾经深受麻雀危害，就连进入明治时代之后，也有"白河以北一山百文"（跨过白河关口，就全都是派不上用场的土地，是一种侮辱的说法）的揶揄说法，可见在那些地区，麻雀对农业的危害更加严重。

图43 吃稻子的麻雀

受到攻击的投稿

进入大正、昭和时代之后，我们就能够更加具体地看到普通人对麻雀的看法了。文字记载中不时会流露出对麻雀的感情。尽管从前就有的对麻雀的爱仍在增加，农民对麻雀的恨也浮出水面。

1955 年 11 月 24 日至 30 日之间，出现在《朝日新闻》投稿栏中的 3 封投稿充分体现出人们对麻雀的感情。

第一封投稿来自日本埼玉县的一位爱鸟者，文中吐露了作者的烦恼："我给麻雀做了巢箱，想帮它们繁殖，可仔细一想，麻雀是吃稻米的害鸟，我养育害鸟不是做了错事吗？是不是不装巢箱更好呢？"

针对这封投稿，一位叫野泽的人给出了善意的回复："虽然麻雀被当成害鸟，但一位农学博士的报告中提到过，麻雀也有益鸟的一面，会吃害虫和杂草的种子，所以今后也请继续做巢箱吧。"

针对第二封投稿，一位日本长野县的农民表达了下述意见："（前略）投稿者野泽建议别人今后继续做巢箱，增加麻雀的数量，还引用了农学博士的调查报告……这没有问题。但现实里农民在一年中受到的伤害说明了一切，请算一算一只麻雀一年能吃多少米，再乘以整个日本的麻雀数量。无论道理如何，只有真正在寒冷的日子里耕种，在雨中插秧，在烈日炎炎的水田里割草的人，才能理解不想浪费任何一粒辛苦结出的大米的感情。你们有没有亲眼见过好不容易收满的稻架在一周后散落成一堆稻壳的样子？那就是麻雀做的好事。你们知不知道每天早上，男女老少还有上学前的孩子们在晨露中敲着空罐子赶麻雀，下半身完全被露水打湿的辛劳？你们知不知道在初春要特意洒下危险的毒药来驱赶麻雀的现实？我尊重你们爱鸟的精神，但是只有麻雀，请不要再增加它们的数量了。"

这番话并不讲道理，但人类并非只关心道理，投稿者的心情通过文字充分传达了出来。不同的人有不同的意见，将这些意见刊登在报纸上是有意义的，我们可以从中了解到当时的情况。

最近，农民对麻雀的感情缓和了很多。以动物为题材的电视节目介绍麻雀时不会引起反感，说明现在已经不需要担心农民的反对，至少麻雀已经不再和害鸟画等号了。

那么事实上，麻雀究竟是害鸟还是益鸟呢？如今并没有明确的答案。当时的投稿中引用的农学博士的说法是："麻雀的确给农业带来了危害，但它们会吃杂草的种子，还会吃很多种农业害虫，同样发挥了益鸟的作用，所以麻雀对农业的功过相抵。"我会在第7章中提到驱赶麻雀似乎对农业造成了更大的危害，所以至少可以说麻雀对农业并不是只有害处。

麻雀给农业带来的实际危害

现在，麻雀给农业带来的伤害在减少（详见第 6 章），不过以前麻雀曾经造成过非常严重的伤害。比如 1975 年，鸟类造成的农作物损失总额为 72 亿日元，其中麻雀造成的损失占了 47.4%。受到麻雀伤害最多的农作物是水稻，1974 年的记录显示，麻雀给农业带来的损失总额中有 96.5% 是水稻。

关于哪个生长期的水稻最容易受到伤害，有各种各样的说法，最近的研究结果显示，麻雀经常出现在进入完熟期的水稻田里。完熟期是指米粒成熟，马上就要收获的阶段。另一方面，过去的文献中也提到过乳熟期的水稻经常被吃掉的情况。乳熟期是指水稻收获前一个月左右的状态，外表已经结出稻穗，稻穗仍带着绿色，头部还没有下垂。此时水稻的籽粒内容物不像我们平时见到的米粒那样坚固，而是呈乳浆状。或许是由于乳熟期的籽粒内容物较少，麻雀会一粒接一粒不停地吃。与之相对，麻雀吃完熟期的大米时要花费相当长的时间。也就是说，对麻雀来说，乳熟期的水稻更容易食用，加上每一粒的量少，麻雀在单位时间内吃掉的量恐怕更多。

除了水稻之外，麻雀还会给小麦和水果带来危害。不过其他鸟兽（比如乌鸦和栗耳短脚鹎）对水果的伤害比麻雀更大。

防止麻雀袭击

当鸟类被当成会给农业带来危害的生物时，有两种值得人类畏惧的能力——飞行和较强的学习能力。

对农民来说，鸟类会飞是一个很棘手的问题。举例来说，对付哺乳动物可以竖起栅栏进行防御，面积固定的农田只需要围住四周就可以防止哺乳动物袭击。但是面对鸟类时必须防御上空的位置。另外，由于鸟类能够进行长距离移动，所以前一天还没有鸟的地方，可能会突然有大量鸟类出现。

学习能力强也是个麻烦的问题。面对人类绞尽脑汁想出的防御和驱除办法，鸟类在极短的时间内就能应对。水田里经常能看到画着眼珠的气球。对山斑鸠的研究表明，这种眼珠图案本身并没有太大的意义，不过气球晃动会让鸟类受惊，从而犹豫是否要去吃农作物。但效果只能维持几天，鸟类马上就会习惯。人类还可以利用机器发出爆炸声，或者用喇叭播放鸟类警戒时的叫声，但鸟类习惯这些声音依然是迟早的事。

说到防鸟，就不能忘记稻草人。不过据说稻草人得以发展并不是因为它对预防鸟类有实际效果，而是人们期待田地之神、山神保护的表现。从这个角度来说，稻草人有点像地藏菩萨在人们心目中的形象。实际上，我们常见的脸上用数字或者字母画出五官的稻草人对防鸟并没有太大的作用。

不过有研究结果表明，有头发、鼻子、眼睛的人体模型防鸟效果更好。结果来自用山斑鸠和栗耳短脚鹎进行的实验，说明这些鸟类对人类的观察相当细致。或许人体模特对麻雀也有同样的效果。虽说如此，在田地里放上千篇一律不会动的人体模特，鸟儿总有一天还是会习惯的。

捕麻雀——从笊篱到地狱网

还有一种方法是不防止麻雀来，而是去抓住带来危害的麻雀。这种方法除了能够减少伤害，而且吃掉麻雀肉能够补充营养，卖掉麻雀还能赚钱，可谓一举多得。

我刚才已经提到，现在要想捕麻雀，必须在获得许可的时期和获得许可的地点，用特定的捕猎方法捕捉。而且使用许可范围内的捕猎方法（比如用捕鸟网）时还需要持有资格证。下面我要介绍的方法有很多已经被禁止了，请大家注意甄别。

简单的方法是用笊篱等工具设陷阱。

先撒下诱饵，然后将笊篱等倒放在诱饵上，在支撑笊篱的棍子上绑好绳子，等到麻雀钻进笊篱下面觅食，就拉动绳子放下笊篱抓住麻雀。由于笊篱很轻，麻雀可能会趁笊篱慢慢落下的时候逃走。为了让笊篱落得更快，必须绑上石头等重物。这种方法不仅简单，而且只要找准时机就能轻松地捕到麻雀。尤其是在冬天，地面被白雪覆盖，只要扫开积雪放好诱饵，麻雀落入陷阱的概率就会上升。

"无双网"的基本思路和竹篱一样（图44），上方用来罩住麻雀的不是竹篱而是网。竹篱陷阱是利用地球的重力，等待竹篱落下的方法，而无双网则是将一张系着绳子的网铺在地面上，用人力拉动，等网立起来之后迅速向另一边倒下抓住麻雀。

这种方法需要做出大型机关，所以能捕到更多麻雀，不过必须先把麻雀引到网的另一面。因为不能守株待兔，所以使用这个方法时当然要用到食物，还要用到作为诱饵的麻雀。在网附近放一个鸟笼，里面装着作为诱饵的麻雀，让它发出叫声，这样一来其他麻雀就能放心地接近了（鸟笼藏在草丛等地方）。除此之外，还可以绑住作为诱饵的麻雀的脚不让它飞走。过去还有过残酷的方法，那就是弄瞎麻雀的眼睛作为诱饵。

使用无双网的方法是把网铺在地面上，让它从另一边

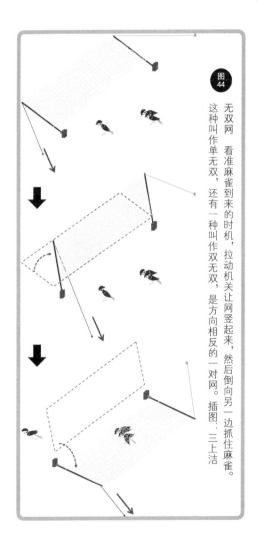

图44

无双网　看准麻雀到来的时机，拉动机关让网竖起来，然后倒向另一边抓住麻雀。这种叫作单无双，还有一种叫作双无双，是方向相反的一对网。插图：三上洁

倒下，除此之外还可以竖起一张网挡住麻雀的去路。这种方法被叫作"霞网"，鸟类研究者捕鸟时经常使用。以前是一种可行的捕猎法，不过现在已经被禁止。

我阅读文献时发现了一种非常神奇的道具，用来把麻雀赶到霞网里。

首先，霞网使用了不容易被看到的结构，设在了不容易被看到的位置（铺设的位置、方向和巧妙程度取决于捕鸟人的熟练程度），不过麻雀相当聪明，能看透这种伎俩。于是人们会利用能发出声音的工具将麻雀赶到网里。

假设我们知道麻雀要走的路，并在下方铺好网，但仅仅是这样做的话麻雀并不会进入网里。但是如果在麻雀飞过之前吹响某种特殊的笛子，麻雀就会像被网吸进去一样进入网中。笛声模仿的是某种隼的叫声，麻雀发现高空有危险，于是在降低高度时被网住。还可以模仿猛禽拍动翅膀的声音，麻雀也会受惊飞入网中。

另一种可以将麻雀"一网打尽"的方法叫作"袋网"，别名"地狱网"。这种方法瞄准的是在夏末到初秋时节已经筑好的麻雀巢，能一口气抓住一窝麻雀。

　　首先，要事先进行详细调查，了解这些筑巢地点和麻雀在傍晚归巢时的方向。接下来，在铺设地狱网的当天白天，在麻雀归巢的反方向铺网。到了傍晚，看准麻雀进入鸟巢的时间，派人用微风吹拂的力度轻轻晃动鸟巢所在的树木，最后把麻雀赶到铺网的方向，一口气抓住。这种方法需要做大量准备工作，还需要一些人手，不过多的时候一次甚至能抓到几千只麻雀。

用酒灌醉麻雀？！

还有一种与众不同的方式，那就是用酒灌醉麻雀后捕捉。

首先，有这样一则落语故事，说有一位吊儿郎当的小少爷因为自己想出了一个捕麻雀的办法而感到骄傲。他的方法是在院子里准备三样物品，分别是大米、一碗酒和一颗花生。麻雀被大米吸引，飞过来后先吃大米，然后因为口渴喝了酒，喝酒犯困后就会枕在花生上睡着，接下来只需要伸手抓住就好。怎么可能会有这么荒唐的事情呢？

那么实际上麻雀会喝醉吗？江户后期的随笔《闲田耕笔》中提到，在有养鸟文化的江户时代，发生过主人喂鸟儿吃酒糟，导致鸟儿死亡的事情，死因恐怕是急性酒精中毒。所以麻雀枕在花生上睡觉当然是开玩笑，不过麻雀醉酒或许确有其事。

实际生活中，用酒灌醉麻雀也是一种捕鸟方法。1958

年3月5日的《朝日新闻（晚报）》上刊载了鸟取市有人用酒腌制了谷壳后洒到雪上捕鸟的事情。麻雀啄食谷壳后摇摇晃晃地倒下，还有的麻雀一头扎进雪中。这种方法在1958年、1959年被使用，似乎相当成功，不过听说后来遭到了禁止。

除此之外还有各种各样的方法，比如用粘鸟胶捕麻雀等，这说明当时捕麻雀是一件非常重要的事情，不仅能防止农田受到伤害，捕获的麻雀也可以被作为食物。

6

麻雀数量真的在减少吗？

——麻雀受难的时代

观察鸟类的娱乐方式叫作观鸟。在欧洲，尤其是英国，观鸟是一种非常盛行的娱乐方式。如今在日本，对观鸟的社会认知度也有了很大的提高，就算脖子上挂着望远镜在公园里走，也不会被当成怪人。

喜欢观鸟的人平时就经常看鸟，所以应该也常常会观察麻雀吧？但事实并非如此。很多观鸟者是想看平时看不到的鸟（我也是如此，所以很能理解他们的心情）。对于他们中的大多数人来说，如果看到麻雀，就会觉得"怎么是麻雀啊"，然后立刻抛到脑后。

但是如果想要把普通人拉进观鸟的世界，我首先会推荐他们观察身边常见的麻雀。于是普通人，尤其是小学生，就会围绕麻雀提出各种问题。其中常见的是"有多少麻雀？"。面对这个问题，我常常回答："太多了，多得数不清。"

日本有多少只麻雀?

一天，我决定弄清楚日本究竟有多少只麻雀。

推测某种动物数量的方法多种多样。举例来说，像大雁、鸭子这种会集中在同一地点的动物，可以用计算器计数。调查老鼠和昆虫的数量时，可以在某个地点捕捉一定数量的个体，做好标记后放生，过一段时间再次捕捉，根据有标记的个体所占的比例来推测整体数量。

由于能够投入的人力、资金，希望得到的结果的精确度，对象的生态环境这些都有区别，采用的调查方法也各不相同。要是想像我一样独自投入最少的资金调查"日本的麻雀数量"，只能用普通的"密度面积"的方式了。也就是说，尽量准确地推断出一定范围内麻雀的密度，然后乘以日本的国土面积得出结论。

问题在于算式中的"密度"，该在什么时间、什么地点、用什么方式调查出来。

"在什么时间调查"是动物调查中非常重要的因素。假设要调查日本的人口,则不需要关注调查时间是冬天还是夏天。但是麻雀在春夏季节繁殖,后代离巢让麻雀的数量迅速增加,所以春天和秋天的数量可能会相差好几倍。

怎么数清数量也是一个难题。经过各种尝试后,我明白了要想通过数不断移动的麻雀来推测整体数量,结果并不精确。既然会动的麻雀不方便数,那么如果我转换思路,数一数不会动的鸟巢呢?只要提高鸟巢的发现率,就可以保持调查精确度的稳定性。

问题在于真的能数清鸟巢的数量吗?当时我并没有见过太多麻雀巢,于是我试着在城里走一走,有意识地寻找麻雀巢。

结果我发现自己以前实在是太不关注麻雀巢了。城里到处都是麻雀巢,数量多到令人惊讶。如今我寻找麻雀巢的水平已经非常高,甚至坐在电车上都能发现麻雀巢。

我在日本秋田、埼玉、熊本三个县寻找过麻雀巢。考虑到气温和气候可能会影响麻雀的栖息密度，所以这三个县分别属于日本从北到南的三个地区。

根据经验，我知道环境差异会造成密度差异，所以调查了商用区、住宅区、农村、森林、其他这 5 种环境中的麻雀巢。

调查面积大约为 500 平方米。我花了 5 个小时走过这个范围内的每个角落来寻找麻雀巢。并在每个县选择 2~3 个地点，分 5 种环境一一调查。

这样一来就能计算出每种环境中麻雀巢的密度（表 1）。然后从日本国土交通省的记录中查出日本本土这几种环境所占的面积。

 表1 换算后得到 100 米 ×100 米范围内有建筑物的地点的麻雀巢数量

环境	商用区	住宅区	农村	森林	其他
平均巢数（个）	2.39	4.91	4.62	0	4.16

900万个鸟巢！

于是我得出了估算结果，如图 45 所示。

估算值不同的原因在于我在估算时设置了各种各样的假设。这里我取了中间值，即全日本有大约 900 万个鸟巢。假设麻雀以一夫一妻的形式繁殖，那么繁殖期日本麻雀的成鸟数量就是鸟巢的两倍——1800 万只。当然，这是一个相当粗略的估算值。

1800 万，是个不知道该说是多还是少的数字，至少在数值上达到了日本人口的七分之一。

但是根据我步行调查的经历，也不是没想过这种方法或许有不妥之处。调查结果显示，每 10 栋左右的住宅上会有 1 个麻雀巢。如果和人口的计算方式相同，那么要得到这个结果，则每栋住宅上必须要有 2 个麻雀巢，但麻雀巢并没有那么多。

　　不过图上的数值估算的是繁殖期麻雀父母的数量,忽略了小麻雀的数量。每年春夏,麻雀巢里都会有小麻雀出生,所以全日本的麻雀数量大约有几千万只的结果,就算不准确,应该也相差不远。在得出估算结果之前,应该没有人能回答"日本有多少只麻雀"这个问题,但我认为现在就算只得到了大致的数量级,也是一件有意义的事情。

　　或许因为这项研究并没有出乎意料的地方,所以报纸和电视新闻上都没有报道。有认识我的人在坐新干线的时候,在新干线的电子公告牌的新闻上看到我的名字和这条新闻同时出现,似乎还吃了一惊。

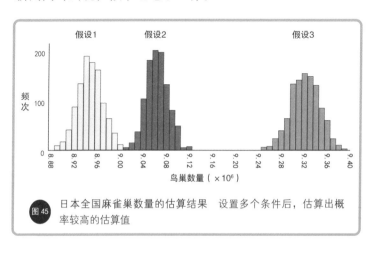

图45　日本全国麻雀巢数量的估算结果　设置多个条件后,估算出概率较高的估算值

麻雀数量减少的记录

我们已经知道了日本的麻雀数量在千万级。接下来，我感兴趣的是这个数字与过去相比发生了什么样的变化，这也是因为之前（2009 年前后）常常能听到麻雀在减少的说法。

于是我试着寻找找能证明麻雀在减少的记录，发现各地都有基于个人经验的观察记录，比如"以前在那边看到了很多麻雀，最近都看不到了"。或许观察者周围的麻雀确实在减少，但凭借这些记录并不能掌握日本整体的趋势。所以让我们根据能够表示整个日本麻雀数量增减的四项记录，来分析一下麻雀是否真的在减少。

麻雀对农业带来的危害的变迁

我使用的第一项记录是农林水产省统计记录的，麻雀给农业造成危害的面积。这项数据的来源是主动申报和问卷调查,所以数值的准确性很难保证,不过可以提供整体趋势作参考。如图46所示,在这20年里,该类受害面积一直在减少。

看到这张图,大家当然会想到受害面积减少是因为麻雀的数量减少了。但是在同一时期,由于缩减农耕面积的政策,水稻田的种植面积本身就在减少。不过仅仅是缩减农耕面积的政策并不能充分解释麻雀对农业带来的危害减少,因为和20年前相比,耕地面积最多减少了三成,而受害面积却减少了将近九成。

驱赶、捕获的麻雀数量的变化

显示麻雀数量变化的第二项记录是日本环境省记录的,人类驱赶、捕获的麻雀数量。捕猎麻雀在当时是被允许的,而且因为麻雀会给农业造成伤害,所以同样被当成有害鸟类驱赶。图47显示了这两种情况的合计数量,这项数值同样有减少的趋势。当然,在这段时期,捕猎者的数量也在减少,不过驱赶、捕获的麻雀数量减少并不能仅仅用捕猎者数量减少来解释。

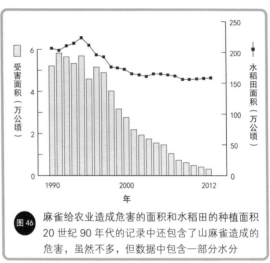

图46 麻雀给农业造成危害的面积和水稻田的种植面积
20世纪90年代的记录中还包含了山麻雀造成的
危害，虽然不多，但数据中包含一部分水分

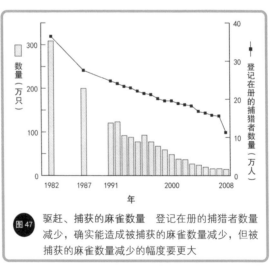

图47 驱赶、捕获的麻雀数量 登记在册的捕猎者数量
减少，确实能造成被捕获的麻雀数量减少，但被
捕获的麻雀数量减少的幅度要更大

麻雀分布比较

第三项记录是环境省统计的鸟类繁殖分布调查记录。这项调查将日本分成了几个区域，同时使用现场调查、资料调查、问卷调查的方式，将每个区域中在日本繁殖的鸟类（当然也包括麻雀）按照繁殖可能性进行排名。一种鸟类的繁殖可能性越大，排名就会相应上升，所以能间接反映个体数量的增减。我在其中对比了第 2 次（1974~1978 年实施）和第 6 次（1997~2002 年实施）调查中麻雀的记录结果（图 48）。可以看出第 6 次调查（右下）中的颜色整体较浅。●的范围越大，说明繁殖的可能性越大，因此颜色变浅说明排名下降，数量减少。如果分析我们去该图中无法表现的详细记录，则可以看到排名上升的地方有 100 处，不变的有 233 处，下降的有 468 处。由于麻雀在很大一部分地区的排名下降，可以推测出麻雀的数量在减少。从这项结果中无法看出麻雀具体减少了多少，不过如果设置一个能够成立的假设，比如"数量减少的程度与排名下降的比例关系"，可以计算出麻雀数量如果只减少 10%~20%，

图 48

麻雀分布调查
对比 1974~1978 年的调查(左)
和 1997~2002 年的调查（下）

●的范围越大，说明麻雀越多。
颜色变浅说明该区域麻雀数量
在减少

并不会导致现在这样的结果。这样一来，就能推测出麻雀的数量减少了相当多。

鸟类标记调查显示出的麻雀比例变化

显示麻雀减少的第四项记录是山阶鸟类研究所在日本全国各地定期进行的鸟类标记调查记录。不仅是麻雀，这项调查需要捕捉各种各样的鸟类，给它们佩戴足圈后放生，然后记录其信息。从这项记录中可以看到麻雀在所有放生鸟类中所占的比例随时间发生的变化（图 49）。假定麻雀的数量不变（至少在所有鸟类中占的比例不变），那么麻雀在放生鸟类中所占的比例应该是固定的。然而实际上尽管整体捕获数量变化不大，但麻雀在捕到的鸟类中所占的比例却在降低。由此可以认为是麻雀的减少造成了这样的结果。

以上四项记录都显示出麻雀数量在减少。针对每一项单个的记录，我们都可以提出各种各样的反驳。可是既然调查主体、目的、方法各不相同的四项全国范围的记录都显示出麻雀在减少，那么根据现状，我认为得出麻雀数量在减少的结论是妥当的。尽管很难估算出麻雀究竟减少了多少，不过如果加入合理的假设来估算，可以得出近 20 年来麻雀总量减少到了原先的 20%~50% 的结论。也就是说，如果把 1990 年时麻雀的数量设为 100，那么现在就是 20~50，可以说麻雀的数量在这 20 年里至少减半。

1990 年之前的记录很少，所以无法断言，不过 20 世纪 60 年代驱赶、捕获的麻雀数量是现在的 30 倍，每年能达到 400 万只，还有一种估算认为当时麻雀给农业造成的危害是现在的 60 倍。这样一想，近半个世纪里麻雀减少的数量或许不止一半。

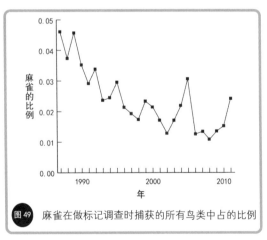

图49 麻雀在做标记调查时捕获的所有鸟类中占的比例

为什么会减少?

那么麻雀为什么会减少呢?

这是一道难题,因为调查原因时会掉入千头万绪的陷阱。举例来说,假设经过慎重调查后,人们频频发现在鸟巢中死亡的麻雀雏鸟,于是判断雏鸟死亡率高是造成麻雀数量减少的主要原因。那么雏鸟为什么会死亡呢?

死因很难确定,假设人们利用各种各样的调查方法发现,死因在于某种疾病,于是就会出现以下问题:为什么现在疾病比过去流行? 是不是因为某种传播疾病的动物增加了? 还是由于麻雀以前在通风条件好的木房子里筑巢,所以疾病没有表现出来,但如今在钢筋结构、密闭性好的房子上筑巢,导致通风不好,疾病开始流行? 又或者是因为亲鸟带回来的食物减少,雏鸟营养不良导致容易生病?

综上所述,每找到一个主要原因,都会延伸出各种各样的可能性，于是寻找原因往往让研究者束手无策。

虽说如此，研究者们还是想找到原因，于是开始追溯麻雀的数量是在它们生命（生活史）的哪个阶段减少的。我们简单将问题集中到了三个阶段：1. 一开始就找不到筑巢地点；2. 能筑巢，但是育儿过程不顺利；3. 雏鸟离巢后，在春天前死亡。

麻雀的住房难问题

　　很久之前就常常有人提到，麻雀筑巢的地方似乎在减少。过去的房子有砖瓦屋顶，麻雀经常在屋顶筑巢，而近年来的住宅不再有砖瓦屋顶，麻雀是不是就没办法筑巢了？他们认为"不能筑巢导致了麻雀数量减少"。但需要注意的是，人类是容易从结果胡乱推测原因的生物。也就是说，人类有可能从"某种原因导致麻雀减少"到"没有看到鸟巢"，误以为"它们没办法筑巢"。

　　那么，让我们来对比一下旧住宅区和新住宅区的麻雀巢密度。如果新住宅区的麻雀巢密度确实有所下降，就能推断出麻雀的减少是房屋由旧换新导致的。

　　住宅的新旧程度是根据日本国土交通省网站上的航空照片"国土变化档案—航拍照片阅览"进行判断的。举例来说，如果 1980 年的照片上还是田地的位置，在 1985 年的照片上变成了住宅区，就能得知这片住宅区正是在那 5 年之间建成的。

凑巧的是，在我家附近（日本岩手县）正好有三个不同时期建成的住宅区相邻（图 50）。相邻这件事很重要，由于周围的环境一样，因此能够排除环境因素对麻雀巢的密度的影响。

我立刻在附近寻找麻雀巢，对比了鸟巢的密度，发现住宅越老旧，麻雀巢的密度确实越高（表 2）。我在日本埼玉县进行的调查也得出了同样的结果。

实际走一走就会发现，老房子的屋顶、换气孔、屋檐下等部分会有能让麻雀筑巢的空隙，而这是最近新建的、以密闭性好为卖点的住宅所没有的特点。这并不是新建筑还没有老化导致的差异，而是近年来的建筑设计理念本身就和过去有很大的区别，所以现在的住宅就算老化，应该也不会出现像老房子那样的空隙。

之后，我在调查中感到有趣的是，昭和时代的公寓在建造时有钢筋裸露在外的阶段，钢筋的空隙里会有麻雀巢，而平成时代的公寓楼梯有时会建在内部, 就算建在外部也会用水泥封起来, 所以麻雀无法筑巢 (图51)。提高抗震效果, 比起外观更重视需求等建筑理念的变化, 或许正在抢夺麻雀的筑巢地点。

从这项调查结果中可以看出, 住宅区越来越新, 导致麻雀难以筑巢, 继而数量减少。但是针对这个论点同样可以提出反驳, 麻雀减少也可能是完全无关的因素导致的, 而麻雀难以筑巢的房屋增加也可能与麻雀的减少无关。如上文所述, 锁定麻雀减少的主要原因很难。虽说如此, 麻雀住房难问题的确有可能是麻雀减少的主要原因。

表2 住宅区的建造年代和鸟巢数量 (日本岩手县矢巾町)	
住宅区的建造年代	鸟巢数量 (每100平方米)
1970~1986	4.61
1994~1999	2.70
1999~2008	1.22

1976

2008

500 m

图50 日本岩手县矢巾町 1976 年和 2008 年的对比

网站上也有两个年份之间的照片，能看出每一栋住宅分别是在什么时期建成的。在两个年份之间，住宅区不断扩大。图片来自日本国土地理院拍摄的俯瞰照片

图51 昭和时代的公寓（左）和平成时代的公寓（右）

昭和时代的公寓有能够筑巢的地方，而平成时代的公寓则没有

在日本全国范围内开展雏鸟观察！

接下来让我们挑战第二个问题，麻雀的繁殖过程是不是不顺利？

从我的经验出发，麻雀在现代城市中觅食变得困难了。举例来说，我现在居住的公寓前面有一块杂草丛生的空地，从三楼的房间望出去，能看到在周围繁殖的麻雀们接连不断地来到空地上，把蚱蜢等昆虫运回鸟巢里。这块空地是麻雀重要的觅食处。以前的城市里有很多类似的空地。请大家回忆一下《哆啦A梦》里的场景，胖虎开演唱会的地方正是城市里一块堆满了水泥管等建筑材料的空地，孩子们在那些不知道属于谁的空地上玩耍。大家有没有发现和昭和时代相比，如今这样的"空地"少了很多？

于是我尝试对比了麻雀在"城市中心绿地较少的商业区""有一定绿化程度的住宅区"以及"有农田，容易获取食物的农村"这三种地点的繁殖情况。不过这样的调查很难得出准确的结果,因为必须找到鸟巢,定期追踪鸟巢里有几颗蛋、几只雏鸟,有多少只雏鸟离巢等情况。

于是我想出了一个更简单的办法。麻雀的雏鸟离巢后,会在离鸟巢不远的地方停留 10 天左右,从父母那里获取食物,学习什么是危险(详见第 2 章)。只要能数清这段时期跟在父母身边的雏鸟的数量,应该就能大致掌握麻雀的繁殖是否顺利。

我首先在熊本市进行了这项调查,发现雏鸟的数量有按照城市中心区、住宅区、农村的顺序逐渐增加的趋势。顺带一提,熊本市区里的雏鸟数量和农村相当,大概是因为能够得到足够的食物。麻雀必须要感谢建造出自然环境如此优美的熊本城的加藤清正。

这项调查进行得挺顺利。但这样一来,我能得到的只有熊本市的调查结果。我想尽可能扩大调查范围,但一个人的能力毕竟有限。

就在我束手无策的时候，NPO 法人[1]"鸟类调查（bird research）"向我提出了在日本全国展开这项调查的邀请。这个组织建立了邀请普通人参与鸟类调查的制度（就算不是会员也能参与调查），我们利用这项制度在网上制作了登记表，向大众发出"如果您发现了雏鸟，请向我们报告雏鸟数量"的呼吁。这项活动的名字叫作"雏鸟观察"。

于是在一年的时间里，我们从日本全国收集到了多达 400 条记录。按照环境分类后的结果如图 53 所示，与我在熊本得到的结果相同，可以看出越靠近城市中心，雏鸟的数量越少。恐怕正如我一开始设想的那样，麻雀在食物不足的环境中很难顺利繁殖。

雏鸟数量和过去相比似乎减少了。我翻阅大约 30 年前描写麻雀的书时发现，当时人们看到 2~3 只雏鸟是一件很正常的事，甚至还有"带着 5 只雏鸟的麻雀也不罕见"的描写。

---

1 NPO 法人：根据日本《特定非营利活动促进法》（NPO 法）被赋予了法人地位的组织。这些组织主要分为非法人型 NPO 和法人型 NPO 两大类。非法人型 NPO 包括市民活动团体、志愿者团体等，而法人型 NPO 则包括公益社团 / 财团法人、特定非营利活动法人（通称 NPO 法人）等广义公益法人。

图 52 刚离巢几天的两只雏鸟，正在向中间的亲鸟讨要食物

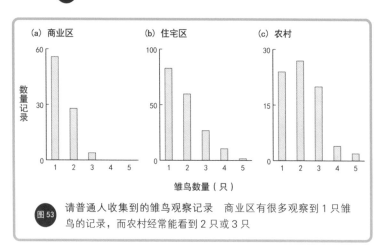

图 53 请普通人收集到的雏鸟观察记录 商业区有很多观察到 1 只雏鸟的记录，而农村经常能看到 2 只或 3 只

154

或许还有其他原因?

现在人们知道,和过去相比,麻雀筑巢的难度增大,雏鸟数量减少了。然后正如我在第 2 章中提到的那样,由于雏鸟们到了秋天会四散离开,难以调查"独自离巢后麻雀的生存率",所以我还没有着手调查。但总有一天我要用某种方法一探究竟。

除此之外,或许还有其他被漏掉的原因。比如近年来蜜蜂类动物在全世界范围内数量减少,有学者指出原因之一可能与新烟碱农药有关(这项原因在全世界众多研究者合作研究后才终于确定,锁定生物减少的主要原因果然很困难)。这种农药导致作为麻雀食物的昆虫减少,或许间接造成了麻雀的生存率下降。

后来,有人提出联合收割机的登场导致麻雀难以获取食物的说法。过去收获水稻主要用的是收割机,它可以收割并捆扎水稻。水稻被捆在太阳下晒干，米粒从茎干上被取下（脱壳），制成精米再搬上我们的餐桌。过去在晾晒水稻的过程中，麻雀可以吃掉稻米，然而最近代替收割机的联合收割机已经普及。联合收割机很便利，能够一次性完成从收割到脱壳的过程。于是稻米留在农田里的时间缩短，也许导致了麻雀无法获得食物。

在欧洲，和麻雀生活习性相似的家麻雀在减少，但其中也有可能存在各种各样的原因，目前尚未得出结论。欧洲家麻雀和日本麻雀减少的原因是否相同，还有待今后的分析。

城市是最危险的野外调查地点?

麻雀的调查要在日出之后的几个小时里进行。因为麻雀的叫声很轻，所以一旦出现汽车行驶的声音和人们生活的声音，麻雀的叫声就会被盖住。而且早晨街上没有人，调查时也不会被当成可疑的人。虽说如此，这种调查方式依然是一柄双刃剑。早上在住宅区散步的人还是有很多，一个"不住在这里的人"走来走去是非常奇怪的事情。我的对策是礼貌地和居民打招呼，有时也会特意拿上剪贴本，表现出"我正在调查"的样子。我还会随身携带被警察问询时用来应对的"答案纸"，上面写着我的姓名、出生年月日、地址、所属单位、指导老师的联系方式，为什么要在附近走动的说明，甚至还有我的个人网站地址。要是被警察询问了，我会紧张到前言不搭后语，没办法好好辩解，所以准备了"答案纸"

以便随时能给警察展示，幸运的是目前还没有机会使用。

麻雀的调查在城市里进行，听起来似乎很安全，但事实并非如此。举一个例子，我曾在日本埼玉县大宫站附近调查（当时刚刚日出，应该是 4 点多），走在商业街上的时候就被醉汉缠上了。还有从右后方仰着头径直小跑过来，用手指打着什么暗号的人，似乎是在劝我买什么非法物品。

野外调查有危险，不过市中心的商业街也许同样是这个世界上最危险的调查地点之一。

7

人与麻雀的未来

听不到鸟叫声的日子？

在近 20 年里，麻雀的数量至少减少了一半。

今后麻雀的命运会怎么样呢？没有人能预知未来，但我想麻雀的数量应该会继续减少。今后，住宅应该会继续被换成密封性更好的建筑，这样一来麻雀就无法在建筑上筑巢了。城市中供麻雀觅食的空地也会逐渐变成水泥地，由于食物不足，一对麻雀能繁殖的雏鸟数量就会减少。综上所述，我认为日本的麻雀减少并不是由于人类对它们生存环境的大规模破坏，而是由整个日本日常生活中微小变化的积累造成的。

麻雀减少还有可能引起它们种群数量的进一步减少。麻雀是需要聚集到一定数量后繁殖的鸟类，它们要以其他麻雀为标准选择适合自己繁殖的地点，而且有其他麻雀在，更有利于在遇到捕食者时保护自己。因此当麻雀的数量缓慢下降，低于一定密度的时候，可能会出现数量锐减的情况。人们从很早以前就知道群居性动物身上会出现"一开始缓慢减少，从中途开始数量剧减"的情况。从欧洲家麻雀数量减少的过程中就能看到这种趋势。

既然存在这种情况，那么麻雀会在日本绝迹吗？我认为不会。麻雀的觅食场所和筑巢场所确实在减少，但我认为日本适合麻雀生存的环境并不会全部消失，只是也许不会像现在这样，所有人都能常常看到麻雀了。

实际上有很多过去常见的动物品种从我们身边消失的例子。云雀曾经是普通鸟类的代名词，可是随着城市化的进程，云雀的数量剧减，而鳉鱼和龙虱则已经变成了濒危物种。同样有很多植物被认定为濒危物种，其中还包含很多以前的普通物种。

不过麻雀身上同样存在与其他动物不同的地方。比如一座山被削平变成住宅区会对很多生物造成负面影响。但是对于麻雀来说，森林变成住宅区后才能成为适合它们的生活环境。我们必须考虑这种情况。

麻雀减少后会发生什么

麻雀减少会带来什么麻烦吗？有人担心农业受到的危害会增加，这一点我在第 5 章中也提到了，麻雀会吃水田里的杂草种子和农业害虫，有益鸟的一面，所以麻雀减少确实会导致农业受到的危害增加。实际上世界各地都有麻雀数量减少导致农业受到危害的情况。在中国，麻雀在 20世纪 50 年代曾有一段时期被指定为害鸟，举全国之力积极捕猎。后来，麻雀被从害鸟的名单中撤下，有人认为原因正是麻雀减少导致大量害虫出现。

但是在现代，我们并不清楚麻雀是否还能发挥作为益鸟的效果。在农业领域，农业害虫的繁殖已经被充分抑制，不会造成危害。如果麻雀减少是农业害虫减少带来的结果，那么就算麻雀的数量减少，农业害虫带来的危害也不会增加。

既然麻雀减少不会给任何人带来麻烦，那么是不是应该放着不管呢？在现阶段，麻雀并不会很快灭绝，有人认为等到麻雀真的有灭绝的危险时再处理就好。

我也认为和其他很多更紧急的问题相比，麻雀减少并不是需要抓紧处理的问题。

可是我感觉如果麻雀继续减少，我们就会失去很多东西。比如《枕草子》中体现出的对麻雀的喜爱，伊藤若冲的麻雀画中的趣味，小林一茶对麻雀充满慈爱的俳句，这一切都是由于我们熟悉麻雀才能感同身受。如果我们身边不再有麻雀，未来的孩子就无法体会这些感受了。这将是一项重大的损失。

保护濒危物种当然重要，但与某种我们没见过的鸟即将灭绝相比，身边动物的数量减少也绝不是一个小问题。税金需要用在解决重大的公共性问题上，但并不是说我们身边的公园就不需要投入。同样，生活在日本的珍稀动物或者宝贵的生态系统需要投入资金保护，但我们身边的大自然同样应该受到更多关注。

然而以上观点并不是我作为一名科学研究者，基于大量客观事实提出的主张，只是我个人多愁善感的想法罢了。我要呼吁的是一种多元的价值观，要是有人认为"麻雀研究者都这样说了，所以应该保护麻雀"，我也会感到困扰。

不过假设某个地区没有受到我的意见影响，依然有意保护麻雀的话，我倒是能够以科学研究者的身份给出建议。

比如保留神社、寺庙、古城遗址等地的原状。这些地方人员密集，而且景色优美，在物理层面和精神层面都能给城市带来一丝清凉。而且包括麻雀在内，这些地方生活着各种各样的生物，四季分明，能给我们创造与身边的生物接触的机会。

我们还可以引导麻雀在一些合适的位置筑巢。在繁殖期到来之前，人们可以堵住麻雀筑巢会带来麻烦和实际危害（比如停电）的地方，不需要勉强。作为补偿，可以在公园、庭院等不会带来麻烦的位置设置巢箱，引导麻雀在这些地方筑巢（图54）。只要做到这一件事，就能让麻雀留在我们身边。

图54 **利用巢箱的麻雀** 进入春天后，就算架设巢箱，麻雀也很少能利用上，因此最好在 2 月左右架设

结　语

　　2013 年 6 月，我曾经前往伊势神宫。那年正好赶上迁宫，布满青苔的古朴宫殿和崭新的柏木柱宫殿并排而立。

　　对于出身出云的我来说，伊势神宫是客乡，不过出云朝廷（恐怕）很久以前就臣服于大和朝廷了，伊势神宫则是大和朝廷的精神支柱。身为出云人的我，自然更偏袒自己民族的精神支柱——出云大社。不过实际来到伊势神宫之后，我依然在清晨和傍晚时分静谧而庄严的伊势神宫里体会到了难以用语言来形容的不凡之处。

　　伊势神宫分为外宫和内宫，到处都能看到麻雀的身影，其中还有小麻雀，可见有麻雀在神宫里筑了巢。我怀疑有麻雀在正宫筑巢，于是咨询了资料馆里的学艺员 [1]。听到他

　　1　学艺员：在博物馆及美术馆中从事资料收集、保管、展示等相关专业性工作的人员。

用非常柔和的语气告诉我麻雀会从建筑上取材筑巢，神职人员会每天侍奉，保证不会冒犯神明。

据说伊势神宫每20年迁宫一次，将7世纪的建筑样式一直保留到现在。因为是神殿，自然和当时的普通住宅有所不同，不过建筑物的基本样式具备共通点，能够让麻雀筑巢的空隙应该也是相似的。

我的思绪飘到了遥远的过去，心想麻雀一定是从很久以前就开始在人造建筑物上筑巢了。但是人们完全不会赶走麻雀，而是一直让它们留在自己身边共同生活。人类与麻雀共同生活的场景以各种各样的形式留在了文化中，有时，人类会吃麻雀，有时，麻雀也会给农业带来危害。我希望人类社会和人们的内心在今后能一如既往地与麻雀保持适当的关系。

后　记

　　首先，我要道歉。年轻的时候，我在看过几本生态学相关的书后写下了批判性的书评，表达书中内容的不严谨。但是当我自己着手写作的时候，我终于明白了，严谨的内容反而更难读一些，希望各位作者能原谅我的"年轻气盛"。我在写作这本书时果断放弃了那些不容易理解的内容。

　　接下来是感谢。书中的研究内容得到了日本文部科学省科学研究辅助金和三井物产环境基金研究扶助金的资助。要是没有这些资金支持，我的研究就无法完成，我要在此表示感谢。尤其前者用的是税金，我要向大家表示感谢。

　　在研究方面，我受到了以立教大学上田惠介教授为主，森本元、笠原里惠、松井晋、樱井丽贺、加藤贵大、田口文男的鼎力相助。其中森本和笠原还帮我审校了原稿。另外，妻子三上桂也为书中的研究多次提供了建议，反复确认了原稿的内容，有些地方的插图还是妻子画的。我和妻子的家人也给了我很多支持。

另外，岩波书店的辻村希望先生为满足我的众多要求费尽了心思。虽然每次写完后他都会温柔地建议我"这个部分可以割爱吗？"，有时会让我在深夜流泪，不过我还是很感谢他。希望总有一天，那些尘封的文字会在某处"重见天日"。对了，我还必须感谢为我和辻村先生牵线搭桥的佐藤望，谢谢您。

最后我还想感谢日本秋田县的一家寿司店。

我和妻子在秋田参加"竿灯节"后走进了那家店。因为肚子有些饿，想吃些寿司，于是我们走进了那家小巧的寿司店。我看了一眼柜台，虽然不知道是什么木头做成的，但从头到尾都是一整块木材，整个店里只有一张柜台。墙壁很干净，没有任何贴纸。我坐下点了一杯啤酒，冰凉的啤酒滋润了我的喉咙，然后店员端上了一份寿司，可我们当时明明没有点。寿司很好吃，我以为是店里赠送的，结果后来又上了一份。这回就连我也发现了，我们似乎走进了一家非常高级的饭店。因为太紧张，不知道要花掉多少钱，我甚至没能好好品尝寿司的味道。这时又上了甜点和茶。女服务员轻轻把账单放在桌子上，一共 32760 日元。

我的心掉进了失意的谷底，走出寿司店，在回酒店的路上我在内心发誓：一定要写一本关于麻雀的书，把这 32760 日元赚回来。要是不能靠自己的才智把这笔因为一时兴起失去的钱拿回来，这份悔意就无法忘怀。写这本书的时候很辛苦，但我每次一想到 32760 日元（见照片），就能继续坚持下去。

说起来，池波正太郎先生在《男人的教养》中曾经这样描述选择寿司店的方法："挑选寿司店时，要从门口的玻璃门往里看一看，如果有桌子就可以放心了，像银座的高级寿司店里就没有桌椅。凭借喜好选择高级寿司店当然没问题，不过必须做好价格昂贵的心理准备。"

男人的教养真难啊。

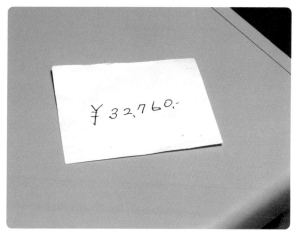

照片　写有金额的纸　我一直将它放在桌子里，遇到困难时就拿出来

参考文献

参考文献表见岩波书店主页的书籍介绍栏

http://www.iwanami.co.jp/moreinfo/0296139/top.html

附录　去寻找麻雀巢吧！

现在，我要向大家传授寻找麻雀巢的秘诀了，请一定要充分掌握。只要掌握秘诀，就算是在上班或上学的公交车或电车里，都可以找到麻雀巢。

只要大家能认出茶歇（第12页）里画出的麻雀的样子就不难，只要有麻雀的地方就能找到麻雀巢。

要想找到麻雀巢，选择繁殖期当然很重要，在繁殖期中，也分容易找到麻雀巢和不容易找到麻雀巢的时期。大致标准是，日本的九州地区在4月中旬容易找到，东京地区在5月中旬容易找到，东北地区在6月10日左右容易找到。这些正好是雏鸟长大的时期，所以能听到雏鸟的叫声，也能看到鸟爸爸和鸟妈妈的行动变得频繁。再过40天之后又会进入下一段适合寻找麻雀巢的时期，也就是第二次繁殖。

首先要找到大致范围，为此要观察麻雀的行动。如果看到麻雀嘴里叼着食物飞行，当然就没错了，除此之外，如果看到麻雀交配或者和其他麻雀打架，那么附近就会有麻雀巢。就算只是听到了一阵明显的鸟叫声，那么判断半径 20 米之内有麻雀巢也不会出错。另外，要是麻雀在某个地方停留很久，附近也会有麻雀巢。

　　然后我们只需要锁定麻雀巢的所在地就好。麻雀巢基本上会建在人造建筑，比如普通住宅和路标、电线杆等地方。也有麻雀会在树上筑巢，所以还要注意树木。如果能听到雏鸟乞食的微弱叫声，那么只要循着叫声就能找到麻雀巢。雏鸟的叫声是一个确凿的线索，但它们不会一直发出叫声，而且还会有周围太吵，听不到雏鸟叫声的情况。这时也可以等一等，抓住鸟爸爸和鸟妈妈运送食物的瞬间——如果麻雀巢里有雏鸟，那么只要等 5 分钟左右就能看到运送食物的鸟。如果它们叼着食物停在附近，那是因为有你在，它们会心生警惕，不愿意进入麻雀巢。只要你稍稍离远一些，它们就会径直飞入麻雀巢。

　　不喜欢等待的人可以在锁定的位置附近转一转，找到用来筑巢的草，以及轻微的白色粪便痕迹（顺带一提，麻雀的大便不会像燕子那样落到巢的正下方，所以麻雀巢周围不太脏）。粪便的痕迹同样会留在麻雀进入巢前暂时停留的位置。这时，请大家带入麻雀的视角，思考它们站在这里时会望向何方，或许就能发现麻雀巢。

　　熟练之后，不需要等待和寻找就能发现麻雀巢，就像侦探只要扫一眼犯人的房间，就能发现密室和隐藏重要物品的位置一样，熟练之后，你就能迅速找到麻雀巢的所在之处。

　　让我们一起来试一试吧。请大家看这 6 张照片，能看到麻雀巢在哪里吗？答案就在照片的下一页。

如果你找到了鸟巢，请在上班、上学和散步的路上留个心，期待每天的变化吧。不过请不要去打扰麻雀们抚养宝宝哦。